ミツバチ
ハナバチ
ハナアブ
など

\ 虫がよろこぶ /

花

Flowers for insects

図鑑

前田太郎
岸 茂樹

農文協

はじめに

　虫たちは何を手がかりに花を訪れるのでしょうか？
　それを知ることができれば、さまざまな虫がやってくる花を植えたり、ミツバチにとっても蜜や花粉をたくさん集められる環境を用意したりすることができるかもしれません。
　本書では、たくさんの虫たちが花々の間を飛び交う庭にしたいガーデナーや、ミツバチの蜜源植物となる花を増やしたい養蜂家向けに、虫の目線から見た花の特徴をまとめてみました。
　この本を通じて、花々と虫たちとの関係に興味を持っていただけるようになれば幸いです。

前田 太郎

CONTENTS

カフェニワトコ
（茨城県笠間市）

はじめに 2

花の色インデックス 4

この図鑑を楽しむための基礎知識 10
   花は受粉のために虫を呼ぶ 10
   花を訪れる虫たち 11
   虫を呼ぶための花のしくみ 12

虫がよろこぶ環境づくり 14

本書の見方 16

花図鑑
   春 18
   夏 89
   秋 188
   冬 194

受粉を担う昆虫の現状とこれから 196
   食料生産を支える昆虫たち 196
   受粉を担う昆虫たちが直面する危機 198
   花を訪れる昆虫を守るために 200

花の調べ方 204
   花の形 204
   訪花昆虫 205
   花蜜 208
   花粉 210
   花の香り 212
   花の色 214
   養蜂での評価 216

いろいろランキング 218

用語解説 220

植物名索引 222

column#1 ウメに訪花するミツバチを増やす試み 50
column#2 花と昆虫のパートナーシップ 88
column#3 蜜は日々刻々と変化する 195
column#4 昆虫の花の好み 206
column#5 花が減ると虫は減る？ 217
column#6 昆虫のオスとメスのネットワーク 219

花の色インデックス

掲載175種
花の色から探してみよう

キュウリグサ ▶P.24	ネモフィラ ▶P.37	オオイヌノフグリ ▶P.19
ツユクサ ▶P.102	ヤグルマギク ▶P.116	ボリジ ▶P.113	アジサイ ▶P.18	ローズマリー ▶P.49
カキドオシ ▶P.20	ムラサキサギゴケ ▶P.45	ハナイバナ ▶P.109	イヌコウジュ ▶P.188	ラベンダー ▶P.46
キキョウソウ ▶P.92	スミレ類 ▶P.31	スカエボラ ▶P.101	マツバウンラン ▶P.43	タイム類 ▶P.33
キツネノマゴ ▶P.93	イヌゴマ ▶P.149	ウツボグサ ▶P.91	ジャガイモ ▶P.100	ワルナスビ ▶P.178
アメリカフウロ ▶P.89	ハゼリソウ ▶P.39	ヒメオドリコソウ ▶P.41	ヘアリーベッチ ▶P.111	ナス ▶P.104

花の色インデックス

花の色インデックス

ヒメジョオン ▶P.171	ハルジオン ▶P.83	ヒメムカシヨモギ ▶P.172	イチゴ ▶P.68	ドクダミ ▶P.163	
ミカン ▶P.85	オオアマナ ▶P.71	ダンドボロギク ▶P.162	ヘクソカズラ ▶P.174	ニワゼキショウ ▶P.167	
ヒメイワダレソウ ▶P.170	クラピア ▶P.156	ダイコン ▶P.74	ソラマメ ▶P.32	メドハギ ▶P.176	
スズメノエンドウ ▶P.73	ニセアカシア ▶P.78	カラミンサ ▶P.155	ガウラ ▶P.154	トチノキ ▶P.164	
ソバ ▶P.161	ナシ ▶P.76	ノミノツヅリ ▶P.80	ウシハコベ ▶P.151	オランダミミナグサ ▶P.72	
ノミノフスマ ▶P.81	ハコベ類 ▶P.82	マメアサガオ ▶P.175	ヤマボウシ ▶P.86	センニンソウ ▶P.160	

8

この図鑑を楽しむための基礎知識

虫たちがよろこんで訪れる花と人気のない花は何が違うのでしょうか。なぜ色とりどりの花があり、虫たちは何のために花を訪れるのでしょうか。花と虫の関係を知ることで、花の色、香り、花の蜜、花粉がどのような役割を果たしているかがわかり、虫たちがよろこんで訪れる花を選ぶ手助けになるはずです。

花は受粉のために虫を呼ぶ

なぜ植物は色も形も多様な花を咲かせるのでしょうか。

花には雄しべと雌しべがあり、雄しべでつくられた花粉が雌しべにつくことで種子がつくられます。花粉はいわば遺伝子を運ぶカプセルで、雄しべ側の遺伝子と雌しべ側の遺伝子が組みになって新たな子孫が生まれます。

同じ花の中や同じ株の花同士で花粉の受け渡しをする受粉方式を自家受粉、ほかの株へ花粉を渡す方式を他家受粉といいます。自家受粉では自分と同じ遺伝子を持つ種子しかつくられませんが、他家受粉では別の株の遺伝子と組み合わさることで、両親とは異なる多様な遺伝子セットを持った種子が生まれます。遺伝子の多様性はさまざまな環境に適応できる可能性を高め、有害な遺伝子を排除するのに役立ちます。

一方、他家受粉には"どうやって花粉を別の株に届けるか"という課題があります。自由に移動ができない植物の多くは、花粉を風にまかせる風媒と、虫に運んでもらう虫媒という方法をとっています。風媒花は大量の花粉をつくる必要がありますが、虫媒花は虫に気に入ってもらうことに成功すれば、少量の花粉でも確実にほかの花に運んでもらえます。**花は虫に気に入ってもらって花粉を確実に運んでもらう**ためにさまざまな工夫をこらし、その結果、多様な花が生まれたと考えられています。

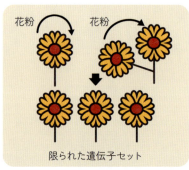

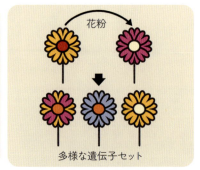

花を訪れる虫たち

虫はさまざまな目的で花を訪れます。休憩や日向ぼっこをしたり、交尾相手を探す場所として利用したり、花にくる虫をねらうクモやカマキリなどの狩り場にもなります。もっとも多いのは花の蜜や花粉を食べる虫たちです。花の蜜を吸いにくるチョウや花粉を食べるハナアブなどは、雄しべや雌しべに触れる機会が多く花の受粉に貢献します。また、花粉や花の蜜で子どもを育てるハナバチ類は種類も数も多く、受粉に貢献する昆虫の中でもっとも重要な花粉の運び手です。

※[ ]内は訪花目的

ハナバチ類　花粉と蜜で子育てをする

ミツバチ類
集団で生活する社会性昆虫、年間を通じて多くの花を訪れる
・セイヨウミツバチ
・ニホンミツバチ
[花蜜・花粉]

マルハナバチ類
丸くモフモフで愛嬌がありさまざまな花を訪れる社会性昆虫
・トラマルハナバチ
・コマルハナバチ など
[花蜜・花粉]

クマバチ類
重低音の羽音で飛び、花粉も運ぶが盗蜜もする
・キムネクマバチ など
[花蜜・花粉]

その他小型ハナバチ類
土中や筒の中で子どもを育てる単独性のハチの仲間
・コハナバチ科
・ハキリバチ科 など
[花蜜・花粉]

ハナアブ類
年間を通して見られ、ハナバチ類とならんで重要といわれる
・ヒラタアブ類
・ナミハナアブ など
[花蜜・花粉]

ハエ類
マンゴーなどの受粉を助ける主要な昆虫として知られる
・ハナバエ類
・オドリバエ類 など
[花蜜・花粉]

コウチュウ類
花粉を食べたり交尾相手を探して滞在時間が長い
・ハナムグリ類
・ハナカミキリ類 など
[花蜜・交尾場所]

チョウ類
受粉に貢献していることも多い脇役的存在
・チョウ類
・ガ類
[花蜜]

カリバチ類
訪花昆虫を捕食するだけでなく、花蜜も利用し、受粉に役立つこともある
・ドロバチ類
・スズメバチ類 など
[花蜜・狩り場]

アザミウマ類
とても小さく、受粉に役立つ種もいるが、害虫種も多い
・ハナアザミウマ類 など
[花粉]

アリ類
受粉に貢献することもあるが花蜜を減らす負の影響も
・クロオオアリ
・トビイロケアリ など
[花蜜]

クモ類
訪花昆虫を捕食するため、植物にとって負の影響がある
・ハナグモ類
・カニグモ類 など
[狩り場]

虫を呼ぶための花のしくみ

大きさと形

花の形やサイズは、訪れる虫の大きさや行動と強い関係性があります（P.88）。たとえば、浅型の花は小型ハナバチなどの舌が短いハチに利用され、蜜が花の奥のほうにあるような深型の花は、マルハナバチなどの舌が長いハチに利用される傾向があります。また、花の咲く向きによっても訪れる虫は変わります。上向きに咲く花は着地しやすいためハエやハナアブなど多くの虫に利用されますが、横向きや下向きに咲く花を利用できる虫はハナバチ類などに限られています。

花の咲く高さも重要で、大きい虫ほど高い位置に咲く花（樹木など）に訪れるようです。高さの異なる花が階層的に咲くことで、それぞれの高さを利用する多様な虫が訪れることにつながります。

ネモフィラ ▶ P.37
皿型（上向き）の花

ゴマ ▶ P.98
ベル型（下向き）の花

色と模様

一般的な傾向として明るい花に訪れる虫が多いですが、ハナバチ類は白や黄色や紫の花を好み、ハナアブ類は黄色や白、マルハナバチは青～赤紫が好きというように好みが分かれます。ちなみにハナバチは赤色が見えず、紫外光が見えているので、紫外光ありの黄色と紫外光を含まない黄色は別の色に見えていると考えられます。

植物は蜜のありかを虫に教える模様（蜜標）を花につけたり、蜜がたくさん出ている花とそうでない花の色を変えたりして、たくさんの虫にきてもらう工夫をしています。

スミレ類 ▶ P.31
タチツボスミレの蜜標

ハコネウツギ ▶ P.108
色を変えるハコネウツギ

蜜

花は虫を呼ぶために蜜をつくって提供します。蜜の量と糖度は、花が咲いてからの日数、植物の状態、時間帯でも大きく変化しますが（P.195）花の受粉にもっとも適したときにもっとも多くなるようです。

昆虫にとっては量が多く糖度も高いほうがよさそうですが、チョウやガは低い濃度の蜜を好む傾向があります。糖度が高すぎると粘性が高くて吸いにくいのかもしれません。

虫は花蜜を自分の活動エネルギーと子どもを育てるえさとして利用します。たとえばミツバチは、集めた花の蜜をハチミツに変えて子どもを育て、寒い冬のために蓄えます。

アブラナ類 ▶ P.51

■香り

　花の香りはとてもたくさんの成分が混ざり合ってできています。約200種類の花の調査では1,900種類を超える成分が検出されています。これらの成分が複雑に絡み合うことでそれぞれの花の香りが決まります。香りのブレンドと量と時間帯によって訪れる虫は変わります。たとえば、臭い香りを出してハエを呼び寄せる花や、夜に強い香りを出してガなどを呼び寄せる花があります。また、虫が生まれつき好む香り成分だけでなく、花蜜や花粉を食べることで新たに好むようになる香りもあります。

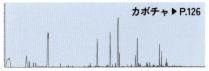

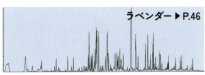

カボチャ（左）よりもラベンダー（右）のほうが香り成分それぞれを示すピーク（山）の数が多く、成分の量を示すピークの高さも高いので、より複雑で強い香りがすると考えられます。

■花粉

　花粉は植物にとって遺伝子を運ぶ大切なものです。タンパク質やアミノ酸、ビタミン、脂質、ミネラルなどの栄養も含まれており、虫にとっても重要な食料です。このため花粉の一部は虫によって消費されてしまいますが、虫の体についてほかの花に運ばれる花粉もあります。トマト（P.135）やナス（P.104）の花は蜜を出さない代わりにたくさんの花粉をつくります。花粉の形や色はさまざまで、虫の体につきやすいよう粘性の高いものや、かたまりのまま虫にくっつくものもあります。

　ハナバチは蜜を混ぜて団子状にした花粉を後脚の花粉かごと呼ばれる場所につけて巣に持ち帰ります。また体の毛が静電気を帯びることで、花粉を集めやすくなっています。

いろいろな形の花粉

　掲載しきれない蜜や花粉の写真をwebサイトに載せました。（農文協図書更新コーナー）スマートフォンなどでQRコードを読み取るか、URLにアクセスし、「虫がよろこぶ花図鑑」でページ内検索してください。
URL ▶ https://www.ruralnet.or.jp/oshirase/toshokoushin.html

13

虫がよろこぶ環境づくり

花を訪れる虫たちがよろこぶ庭づくりや環境づくりは、花の選び方やほんのちょっとした工夫をすることで大きく変わります。ここでは花を訪れる虫の視点からのポイントを紹介します。

一つの花よりたくさんの花

花の多様性

　さまざまな花を植えることは、訪花昆虫の多様性の維持につながります。虫によって花の好みが違うので、異なるタイプの花を植えるといろいろな種類の虫がやってきます。ミツバチやマルハナバチなどは蜜や花粉を集める効率を高めるため、同じ種類の花を連続して訪れる性質があり、同じ種類の花がたくさんかたまって咲いている場所を好みます。ハチミツをとる養蜂のための蜜源としては大面積の同じ花がよいですが、ミツバチの子どものえさとしてはいろいろな花の花粉を集めたほうが栄養バランスがよいといわれています。また、ほかのハナバチなど多様な虫たちのためにはさまざまな種類の花があることが重要です。

花のリレー

　1種類の花しかない環境では、その花が終わると、利用できる花がなくなってしまいます。虫たちが利用できる花が常にあるように、さまざまな種類の花を植えて花をリレーして咲かせることが重要です。とくに夏は花が少なくなる季節です。夏に咲く花や、開花期の長い花を積極的に取り入れることも虫を継続的に呼ぶポイントです。

野草や作物の花も貴重な資源

　雑草として除草されてしまうことの多い野生の花々は、訪花昆虫がもともと利用してきた貴重な花資源です。虫たちが継続して野生の花を利用できるように、花が咲く植物をわざと残したり、一度に刈り取る面積を小さくするなど、花のある時期が急に途切れないことが大切です。

　また、リンゴやウメ、ソバ、カボチャといった作物は広い面積で栽培され、花の数も多く、蜜や花粉も豊富なことから、大きくまとまった花資源になります。

シロツメクサ ▶ P.159

在来種と外来種

▍虫にとって同じ花資源？

　日頃よく見る植物には多くの外来種がありますが、虫たちにとっては外来でも在来でも大切な蜜源や花粉源であり、区別せずに訪れているようです。実際、ニホンミツバチが蜜源や花粉源として外来植物にかなり依存していることがわかっています。しかし、もともとは在来植物の受粉に役立っていた虫を外来植物が奪ってしまって在来植物の受粉がうまくいかなくなったり、繁殖力が強い外来種が在来種を駆逐したり、在来種との雑種ができたり、生態系や農業へ悪影響を及ぼす場合もあり、在来種を積極的に利用する取り組みが必要です。

▍植えてはいけない花

　生態系にとってとくに悪影響の大きい外来植物は、生態系被害防止外来種リストに掲載され、特定外来生物に指定されています。たとえばアレチウリはミツバチにとってよい蜜源植物ですが、特定外来生物に指定されています。また指定がなくても、自治体などによって駆除が推奨されている花（ナガミヒナゲシ、P.35）もあり注意が必要です。

ナガミヒナゲシ ▶ P.35

本書の見方

植物の名前
掲載種の和名や一般名、科、属

植物の基本情報と解説
基本情報 野山に生える野草や雑草から、園芸種や作物まで掲載し、在来種と外来種に区分
開花期と年生は、関東地方での一般的な情報を記載

解説 花のさまざまなデータを元に、その花の特徴、訪花昆虫との関係を中心に解説

花のサイズ
高さ 花が咲く高さを、人の高さと比べて平均値として図式化（低 30cm 以下、中 30～100cm、高 100cm 以上）。虫にとって重要かつ人が花を探すときの参考にもなる

形 見た目の花の大きさを表示
どの部分を計測したかわかるように、単花、頭状花序、集合花序、テーブル型花序の4タイプにわけて表示

単花　頭状花序　集合花序　テーブル型花序

深さ 蜜や花粉の利用のしやすさの参考として、最小単位の花の直径と奥行きを元に深型、中間型、浅型に分類（奥行きに対する直径の比率＝1未満:深型、1～2未満:中間型、2以上:浅型）
※図鑑などの情報を参考にした場合は"※参考値"と記載

蜜量と糖度
晴れの日の午前中の蜜量と糖度（Brix）を記載し、掲載種の中でのランクを星5つで評価。蜜量は細いガラス毛細管（キャピラリー）で採取し、採取限界量以下は「採取できず」と記載
糖度は屈折糖度計の Brix で表記

花粉のサイズと数
花粉の形を球形、三角錐、俵型のいずれかに近似して一粒の体積として表示。複数の花からなる花序として計測した場合は（花序）と記載。虫にとって花粉が大きく多いほうがよいとは限らないが、資源量の参考として、掲載種の中でのランクを星5つで評価。虫にとっては花粉の成分も大切だが、本書では体積と数で評価

おもな訪花昆虫

おもな訪花昆虫の訪れやすさを3段階で評価。訪れやすさは、その場所でほかにどんな花が咲いているかによって大きく変化する。本書では関東地方での訪花昆虫調査、と花の特徴データを元にした機械学習モデルの予測を参考に記載（P.206）

季節と色のインデックス

開花がピークになる季節を掲載。花の色は、花弁の色を基準として、赤、黄、緑、白に区分。複数の色の花があるものは代表的な色で記載

香りの好み

ミツバチ類、そのほかハナバチ類、ハナアブ・ハエ類それぞれが好む花の香り成分を元に、この花の香りがどの虫のグループに好まれやすいかをチャート図で評価。香りによる虫へのアピール度でもある。香りだけで花を選んでいるわけではないことに注意

花の色

花の色を、紫外、赤、黄、緑、青、紫に分け、各色の強さをチャート図で記載。チャートが大きい花は明るく、チャートが小さい花は暗い。赤色はチョウや人間には見えるが、ハナバチやハナアブ・ハエ類は見えない。一方、人間は紫外光が見えないが、昆虫の多くは見ることができる。紫外光の強さの違いによる模様が、蜜のありかを示す蜜標として機能することもある

```
虫の好みの傾向
ハナバチ類 ………… 白、黄色、紫
マルハナバチ類 …… 青〜赤紫
ハナアブ類 ………… 黄色、白
```

養蜂での評価

ミツバチにとっての花の価値を、養蜂家の経験などから評価された既存の蜜源・花粉源データから算出。『日本の蜜源植物』日本養蜂はちみつ協会著、『蜂からみた花の世界』佐々木正己著、『蜜源・花粉源データベース』みつばち百花ウェブサイトにおける評価を数値化し、5段階評価で表示。未評価の花は★がつかない（P.216）

※本書の内容は関東地方での調査結果を元にしており、地域や周辺環境、花の状態などによって大きく異なることにご注意ください。それぞれの項目の分類基準や計測方法は「花の調べ方」（P.204〜P.216）に記載しました。

アジサイ

アジサイ科 アジサイ属

- 区分　園芸／野生（在来・外来）
- 開花期　5〜7月
- 年生　木本

昆虫が訪れるのは目立たない花のほうへ

花のように見えるのは装飾花で、ガクが変化したもの。それに隠れるように目立たない本当の花（真花）がある。品種によって装飾花と真花の数や形、大きさは異なる。昆虫が訪花するのは雌しべと雄しべを持つ真花のほうだが、訪花昆虫は多くない。

春　ピンク・赤・紫・青の花

真花　装飾花

ツマグロキンバエ

おもな訪花昆虫

ミツバチ類	★☆☆
マルハナバチ類	★☆☆
小型ハナバチ類	★★☆
ハナアブ・ハエ類	★☆☆

花のサイズ

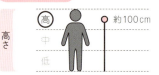

高さ：高／中／低　約100cm

テーブル型花序　約130mm　約25mm
中間型　約6mm　約4mm

花の色

― 周辺部
― 中心

紫外／紫／青／緑／黄／赤

香りの好み

ミツバチ／ハナバチ／ハナアブ・ハエ

蜜量と糖度

蜜量	採取できず	★☆☆☆☆
糖度	採取できず	★☆☆☆☆
養蜂での評価		★★☆☆☆

花粉のサイズと数

1粒体積	約3,700 μm^3	★☆☆☆☆
花粉数	約9万個	★★★☆☆
養蜂での評価		★★☆☆☆

オオイヌノフグリ

オオバコ科 クワガタソウ属

- 区分　　野生（外来）
- 開花期　3～5月
- 年生　　1年草

早春の重要なタンパク源となる真っ白な花粉

青い葯に詰まった真っ白な花粉はミツバチやコハナバチ、ヒラタアブなどにとって、早春の重要なタンパク源になっている。花蜜もありチョウやアリも訪花するが蜜量は少ない。パラボラ型の花は昆虫の体温を上げる効果がありそう。

葯

ヒラタアブの一種

セイヨウミツバチ

おもな訪花昆虫

ミツバチ類	★★☆
マルハナバチ類	★★★
小型ハナバチ類	★★☆
ハナアブ・ハエ類	★☆☆

春　ピンク・赤・紫・青の花

花のサイズ

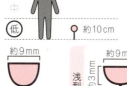

高さ：低　約10cm

単花：約9mm

浅型：約9mm／約3mm

花の色

紫外・赤・黄・緑・青・紫

香りの好み

ミツバチ／ハナバチ／ハナアブ・ハエ

蜜量と糖度

蜜量	採取できず	★☆☆☆☆
糖度	採取できず	★☆☆☆☆
養蜂での評価		★★★☆☆

花粉のサイズと数

1粒体積	約4.5万μm³	★★★☆☆
花粉数	約5,700個	★★☆☆☆
養蜂での評価		★★★☆☆

カキドオシ

シソ科 カキドオシ属

- 区分　野生（在来）
- 開花期　4〜5月
- 年生　多年草

ハナバチを香りと蜜標で誘う薬草

花弁の紫の模様は、ミツバチ以外のハナバチ類にむけた蜜標となっているようだ。香りもハナバチ好みのブレンドになっている。食用、薬草として用いられ、苦みを抑えるためにハチミツを入れて飲まれることもある。

紫の模様が蜜標となる

花粉

おもな訪花昆虫

ミツバチ類	★★★
マルハナバチ類	★★☆
小型ハナバチ類	★★☆
ハナアブ・ハエ類	★★★

春

ピンク・赤・紫・青の花

花のサイズ

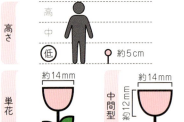

花の色

香りの好み

蜜量と糖度

蜜量	約 0.1 μL	★★☆☆☆
糖度	約 36 %	★★★☆☆
養蜂での評価		★☆☆☆☆

花粉のサイズと数

1粒体積	約 3.9万 μm³	★★★☆☆
花粉数	約 7,300 個	★★☆☆☆
養蜂での評価		☆☆☆☆☆

カスマグサ

マメ科 ソラマメ属

- 区分　野生（在来）
- 開花期　5月
- 年生　1年草

カラスノエンドウのミニチュア版

「カ」ラスノエンドウと「ス」ズメノエンドウの間（「ま」）でカスマグサ。ハナアブ・ハエ類が好む香りの特性や小さな花外蜜腺はカラスノエンドウとよく似ている。しかし花はとても小さく、大きな虫には利用しにくい。花粉も小さい。

花粉

おもな訪花昆虫

ミツバチ類	★☆☆
マルハナバチ類	☆☆☆
小型ハナバチ類	★☆☆
ハナアブ・ハエ類	☆☆☆

春

ピンク・赤・紫・青の花

花のサイズ ※参考値

高さ：低　約20cm
単花：約6mm
中間型：約6mm／約5mm

花の色

紫外・赤・黄・緑・青・紫
NoData

香りの好み

ミツバチ／ハナバチ／ハナアブ・ハエ

蜜量と糖度

蜜量	0.1μL未満	★☆☆☆☆
糖度	約67%	★★★★★
養蜂での評価		☆☆☆☆☆

花粉のサイズと数

1粒体積	約6,800μm^3	★☆☆☆☆
花粉数	約2,100個	★★☆☆☆
養蜂での評価		☆☆☆☆☆

21

カラスノエンドウ
(ヤハズエンドウ)

マメ科 ソラマメ属

- 区分　　野生（在来）
- 開花期　3〜6月
- 年生　　1年草

花以外の場所からも蜜を出す

ヒゲナガハナバチをはじめとするハナバチ類がよく利用するが、香りはハエやハナアブ類好みのようだ。アリをボディガードとして利用するために花以外の場所（花外蜜腺）からも蜜を分泌しているが、ミツバチはこの花外蜜腺からも蜜を集める。

ヒゲナガハナバチの一種

ツバメシジミ

花外蜜腺

おもな訪花昆虫

ミツバチ類	★★☆
マルハナバチ類	★☆☆
小型ハナバチ類	★★☆
ハナアブ・ハエ類	★★★

春　ピンク・赤・紫・青の花

花のサイズ

高さ　約20cm

単花　約9mm

深型　約9mm／約16mm

花の色

外側／内側
紫外・赤・黄・緑・青・紫

香りの好み

ミツバチ／ハナバチ／ハナアブ・ハエ

蜜量と糖度

蜜量	約0.1μL	★★☆☆☆
糖度	約17%	★☆☆☆☆
養蜂での評価		★★☆☆☆

花粉のサイズと数

1粒体積	約2.3万μm^3	★★☆☆☆
花粉数	約1.5万個	★★★☆☆
養蜂での評価		★★☆☆☆

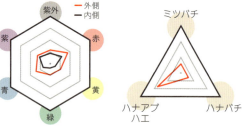

キツネアザミ

キク科 キツネアザミ属

- 区分　　野生（在来）
- 開花期　5〜6月
- 年生　　1年草

ギュッと詰まった花頭からあふれる桃色小花

養蜂の観点からも蜜源として評価されており、蜜の採取を試みたが、ギュッと詰まった小さな花のそれぞれから蜜を採取することはできず、残念ながら蜜量と糖度は計測不可。チョウやハナバチなどさまざまな虫が訪れる。

コハナバチの一種

コアオハナムグリ

ヒラタアブの一種

おもな訪花昆虫

ミツバチ類	★☆☆
マルハナバチ類	☆☆☆
小型ハナバチ類	★★☆
ハナアブ・ハエ類	★☆☆

春

ピンク・赤・紫・青の花

花のサイズ

高さ：中　約60cm
頭状花序 約11mm／約10mm
深型 約1mm／約10mm

花の色

紫外・紫・青・緑・黄・赤

香りの好み

ミツバチ／ハナアブ・ハエ／ハナバチ

蜜量と糖度

蜜量	採取できず	★☆☆☆☆
糖度	採取できず	★☆☆☆☆
養蜂での評価		★★★☆☆

花粉のサイズと数

1粒体積	約1.9万μm³	★★☆☆☆
花粉数	約6万個（花序）	★★★☆☆
養蜂での評価		★★★☆☆

キュウリグサ

ムラサキ科 キュウリグサ属

- 区分　野生（在来）
- 開花期　3〜5月
- 年生　1年草

青と黄色の対比が美しい可憐な花

都市部でも普通に見られ、小さなヒラタアブやハナバチが訪花する。葉をもむとキュウリの香りがするが、花からはハナバチにもハエやハナアブ類にも好かれるような香りは出ていない。花のサイズがとても小さく蜜を確認できず。

春

ピンク・赤・紫・青の花

コハナバチの一種

おもな訪花昆虫

ミツバチ類	★☆☆
マルハナバチ類	☆☆☆
小型ハナバチ類	★★☆
ハナアブ・ハエ類	★★☆

花のサイズ

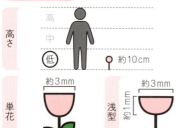

約10cm / 約3mm / 約3mm / 約1mm

単花／浅型

花の色

紫外・赤・黄・緑・青・紫

香りの好み

ミツバチ／ハナアブ・ハエ／ハナバチ

蜜量と糖度

蜜量	採取できず	★☆☆☆☆
糖度	採取できず	★☆☆☆☆
養蜂での評価		★☆☆☆☆

花粉のサイズと数

1粒体積	約 1,000 μm³ 以下	★☆☆☆☆
花粉数	約 9,000 個	★★☆☆☆
養蜂での評価		★☆☆☆☆

キンリョウヘン

ラン科 シュンラン属

- 区分　　園芸
- 開花期　4～5月
- 年生　　多年草

ニホンミツバチを誘引することで有名

ニホンミツバチを誘引する香りを出すことで有名。花柄のつけ根あたりの蜜腺から出る滲出（しんしゅつ）液は甘く、ニホンミツバチがなめている。本ページの蜜のデータは花ではなく花外蜜腺から出る滲出液のもの。

花外蜜腺で吸蜜する
ニホンミツバチ

おもな訪花昆虫

ミツバチ類	★★★
マルハナバチ類	★★★
小型ハナバチ類	★☆☆
ハナアブ・ハエ類	★☆☆

春　ピンク・赤・紫・青の花

花のサイズ

約20cm / 単花 約69mm / 浅型 約69mm 約14mm

花の色
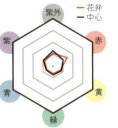

香りの好み

蜜量と糖度

蜜量	約0.5μL（花外蜜）	★★☆☆☆
糖度	約75％（花外蜜）	★★★★★
養蜂での評価		★☆☆☆☆

花粉のサイズと数

1粒体積	約2,400μm³	★☆☆☆☆
花粉数	約11万個	★★★★☆
養蜂での評価		★☆☆☆☆

クリムソンクローバー
(ストロベリーキャンドル、ベニバナツメクサ)

マメ科 シャジクソウ属

- 区分　　園芸／野生（外来）
- 開花期　4〜5月
- 年生　　1年草

蜜源・緑肥植物になる真っ赤な絨毯

レンゲとほぼ同時期に開花し、蜜源植物として利用される。花を指で触るとベタベタするほど蜜量は多く、糖度も高い。花粉数も多い。田畑を肥やす緑肥植物としても機能し、一面真っ赤に咲き誇る様子は景観植物としてもよい。

セイヨウミツバチ

おもな訪花昆虫

ミツバチ類	★★★
マルハナバチ類	☆☆☆
小型ハナバチ類	★☆☆
ハナアブ・ハエ類	★☆☆

春　ピンク・赤・紫・青の花

花のサイズ

高さ：中　約30cm

集合花序 約51mm／約15mm
深型 約6mm／約15mm

花の色

（レーダーチャート：紫外・赤・黄・緑・青・紫）

香りの好み

NoData
（ミツバチ／ハナアブハエ／ハナバチ）

蜜量と糖度

蜜量	約6μL（花序）	★★★★☆
糖度	約57%	★★★★☆
養蜂での評価		★★★☆☆

花粉のサイズと数

1粒体積	約4.1万μm^3	★★★☆☆
花粉数	約19万個（花序）	★★★★☆
養蜂での評価		★★★★☆

サクラ
(ソメイヨシノ)

バラ科 サクラ属

- 区分　　園芸／野生（在来）
- 開花期　4月
- 年生　　木本

ミツバチやハナアブにとって春の一大蜜源樹

春の代名詞として人々に愛される花だが、糖度の高い蜜を出し、花数も樹数も多いため虫にとっても大きな蜜源となる。ミツバチは花外蜜腺からの蜜も集め、サクラから採れるハチミツは甘く香りもよい。ミツバチだけでなくハナアブやチョウなども多く訪花する。

おもな訪花昆虫

ミツバチ類	★★☆
マルハナバチ類	★☆☆
小型ハナバチ類	☆☆☆
ハナアブ・ハエ類	★★☆

春 — ピンク・赤・紫・青の花

花のサイズ

高さ：2m以上（高）
単花：約30mm
浅型：約30mm / 約11mm

花の色

ソメイヨシノ／八重桜（参考）
（紫外・紫・青・緑・黄・赤）

香りの好み

NoData
（ミツバチ／ハナアブ・ハエ／ハナバチ）

蜜量と糖度

蜜量	約2μL	★★★☆☆
糖度	約61％	★★★★☆
養蜂での評価		★★★★☆

花粉のサイズと数

1粒体積	約3.5万μm³	★★★☆☆
花粉数	約3.9万個	
養蜂での評価		★★★★☆

27

シロバナマンテマ

ナデシコ科 マンテマ属

- 区分　　野生（外来）
- 開花期　5〜6月
- 年生　　1年草

小さなハナバチやハナアブ・ハエ類が利用する春の花

白色〜ピンクの可憐な花を咲かせる。近年歩道脇などでよく見かける。糖度低めの花蜜が筒状の花の奥にある。舌の長いトラマルハナバチや花粉を利用するヒラタアブがときどき訪花する。花や葉、茎の表面に細かい毛が多く粘性物質でネバネバしている。

春　ピンク・赤・紫・青の花

おもな訪花昆虫

ミツバチ類	★★★
マルハナバチ類	★★★
小型ハナバチ類	★★★
ハナアブ・ハエ類	★★★

花のサイズ

約20cm／約9mm／深型 約10mm

花の色

香りの好み

蜜量と糖度

蜜量	約0.1μL	★★☆☆☆
糖度	約38 %	★★★☆☆
養蜂での評価		★☆☆☆☆

花粉のサイズと数

1粒体積	約2.7万μm³	★★★☆☆
花粉数	約3,900個	★★☆☆☆
養蜂での評価		★☆☆☆☆

スイートアリッサム

アブラナ科 ニワナズナ属

- 区分　　園芸
- 開花期　3〜5月
- 年生　　1年草

天敵昆虫も訪れる小さなブーケ

アリッサムとは別種。白や赤やピンクがあり、香りはミツバチ、ハナバチ、ハエ、アブみんなに好まれる。花が小さく蜜の量も多くないが、アブラムシを食べるヒメハナカメムシのような天敵を集める天敵温存植物として知られる。

おもな訪花昆虫

ミツバチ類	★★★
マルハナバチ類	★★★
小型ハナバチ類	★★★
ハナアブ・ハエ類	★★★

春 — ピンク・赤・紫・青の花

花のサイズ ※参考値

約10cm

単花 約5mm

中間型 約5mm / 約3mm

花の色

赤花／白花

香りの好み

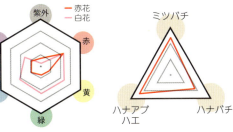

ミツバチ／ハナアブ・ハエ／ハナバチ

蜜量と糖度

蜜量	0.1μL 未満	★☆☆☆☆
糖度	約46%	★★★☆☆
養蜂での評価		★☆☆☆☆

花粉のサイズと数

1粒体積	約5,500μm³	★☆☆☆☆
花粉数	約1.7万個	★★★☆☆
養蜂での評価		★☆☆☆☆

29

スイカズラ

スイカズラ科 スイカズラ属

- 区分　　野生（在来）
- 開花期　4〜5月
- 年生　　多年草

群生すると一面甘い香りに包まれるつる性植物

とても甘い香りで、ミツバチやマルハナバチをはじめさまざまな昆虫が訪れる。正面から深型の花に潜り込むと花粉がつくが、キムネクマバチは潜り込まずに横から花の根元に穴をあけて蜜だけとっていく盗蜜の常習犯。花粉はかなり大きめ。蜜は薄め。

春

ピンク・赤・紫・青の花

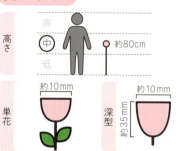

セイヨウミツバチ

コハナバチの一種

盗蜜するキムネクマバチ

おもな訪花昆虫

ミツバチ類	★★☆
マルハナバチ類	★★☆
小型ハナバチ類	★★☆
ハナアブ・ハエ類	★☆☆

花のサイズ

高さ：中　約80cm

単花：約10mm

深型：約10mm／約35mm

花の色

— 花弁
— 雌しべ

紫外・赤・黄・緑・青・紫

香りの好み

ミツバチ／ハナバチ／ハナアブ・ハエ

蜜量と糖度

蜜量	約3μL	★★★☆☆
糖度	約23%	★★☆☆☆
養蜂での評価		★☆☆☆☆

花粉のサイズと数

1粒体積	約10万μm³	★★★★☆
花粉数	約1.9万個	★★★☆☆
養蜂での評価		★★★☆☆

スミレ類

スミレ科 スミレ属

- 区分　　野生（在来）
- 開花期　4〜5月
- 年生　　多年草

色や形が多様で50〜60種もあるスミレ類

虫による受粉だけでなく、開かない花（閉鎖花）の内部で自家受粉も行なう。蜜は花の後ろに突き出た距の中にあり、距の長さによって利用できる昆虫は限られる。小型のハナバチやビロードツリアブが訪花する。

距（きょ）

おもな訪花昆虫

ミツバチ類	★★★
マルハナバチ類	★★★
小型ハナバチ類	★★☆
ハナアブ・ハエ類	★☆☆

春　ピンク・赤・紫・青の花

花のサイズ

高さ：高／中／低　約5cm

単花：約20mm
中間型：約20mm／約19mm

花の色

— タチツボスミレ（花弁）
— タチツボスミレ（中心）

紫外／紫／青／緑／黄／赤

香りの好み

ミツバチ／ハナアブ・ハエ／ハナバチ

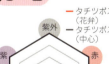
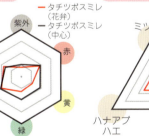

蜜量と糖度

蜜量	約1μL	★★★☆☆
糖度	約35%	★★★☆☆
養蜂での評価		★☆☆☆☆

花粉のサイズと数

1粒体積	約2.5万μm³	★★☆☆☆
花粉数	約1.1万個	★★★☆☆
養蜂での評価		☆☆☆☆☆

ソラマメ

マメ科 ソラマメ属

- 区分　　作物
- 開花期　3〜4月
- 年生　　1年草

自家受粉する花だが虫媒も行なわれる

ミツバチにもハナバチにもハナアブ・ハエ類にも好まれるよい香り。花の中心が暗いのは蜜源の位置を示す蜜標と考えられる。花外蜜腺あり。蜜源植物としての評価は高いが、ソラマメのハチミツにはお目にかかったことがない。白花豆のハチミツは北海道北見市の留辺蘂（るべしべ）町で採れる。

春　ピンク・赤・紫・青の花

おもな訪花昆虫

ミツバチ類	★★★
マルハナバチ類	★★★
小型ハナバチ類	★★★
ハナアブ・ハエ類	★★★

花のサイズ ※参考値

花の色

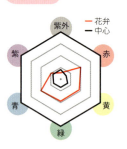

香りの好み

蜜量と糖度

蜜量	約2μL	★★★★★
糖度	約23%	★★★★★
養蜂での評価		★★★★★

花粉のサイズと数

1粒体積	約2.2万μm³	★★★★★
花粉数	約2.6万個	★★★★★
養蜂での評価		★★★★★

タイム類

シソ科 イブキジャコウソウ属

ヒラタアブの一種

- 区分　園芸／野生（在来）
- 開花期　4～6月
- 年生　木本

多くの虫が訪れる育てやすい花

小さな花が多く咲き、ミツバチ以外の虫もたくさん訪れるおなじみのハーブ。多湿にならず、日当たりと風通しさえよければよく育つ。葉から出る香り成分チモールはミツバチへギイタダニ防除にも使われる。品種は多く、イブキジャコウソウは日本の在来種。

ヤドリバエの一種

スイセンハナアブ

オオジガバチモドキ

おもな訪花昆虫

ミツバチ類	★★☆
マルハナバチ類	★★☆
小型ハナバチ類	★★☆
ハナアブ・ハエ類	★★☆

春
ピンク・赤・紫・青の花

花のサイズ

高さ：約20cm
単花：約2mm
深型：約4mm

花の色

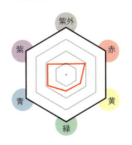

香りの好み

蜜量と糖度

蜜量	0.1μL 未満	★☆☆☆☆
糖度	約28%	★★☆☆☆
養蜂での評価		★★★☆☆

花粉のサイズと数

1粒体積	約1.7万μm³	★★☆☆☆
花粉数	約3,000個	★★☆☆☆
養蜂での評価		★★☆☆☆

33

ツツジ類

ツツジ科 ツツジ属

- 区分　園芸／野生（在来・外来）
- 開花期　3〜6月
- 年生　木本

花蜜には毒性成分あり

公園や学校の植え込みでもよく見かける。蜜量は豊富で、マルハナバチなどさまざまな昆虫が集まるが、蜜にはグラヤノトキシンという毒が含まれることが多いため人間は吸わないほうがよい。これを含む海外産のハチミツを摂取してマッドハニー中毒が起こった事例があるが、日本産ハチミツでの報告はない。

春　ピンク・赤・紫・青の花

コマルハナバチ

アシナガコガネ
（上がオス、下がメス）

花粉

おもな訪花昆虫

ミツバチ類	★★☆
マルハナバチ類	★★★
小型ハナバチ類	★★☆
ハナアブ・ハエ類	★☆☆

花のサイズ

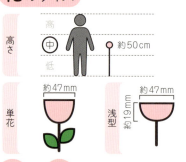

高さ：中　約50cm

単花：約47mm
浅型：約47mm／約19mm

花の色

紫外・赤・黄・緑・青・紫

香りの好み

ミツバチ／ハナバチ／ハナアブ・ハエ

蜜量と糖度

蜜量	約 11 μL	★★★★☆
糖度	約 45 %	★★★☆☆
養蜂での評価		★★★☆☆

花粉のサイズと数

1粒体積	約 1.7万 μm³	★★☆☆☆
花粉数	約 7.9万個	★★★☆☆
養蜂での評価		★★★☆☆

ナガミヒナゲシ

ケシ科 ケシ属

- 区分　　野生（外来）
- 開花期　4〜6月
- 年生　　1年草

虫には役に立たない駆除対象種

2025年現在、特定外来生物や生態系被害防止外来種には指定されていないが、毒性があり、繁殖力が強く在来植物への影響が懸念されることなどから、駆除対象としている自治体は多い。花蜜は確認できず、昆虫もあまり見られない。

コウチュウの一種

おもな訪花昆虫

ミツバチ類	★☆☆
マルハナバチ類	★☆☆
小型ハナバチ類	★☆☆
ハナアブ・ハエ類	★☆☆

春

ピンク・赤・紫・青の花

花のサイズ

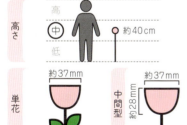

高さ：中　約40cm
単花：約37mm
中間型：約37mm／約28mm

花の色

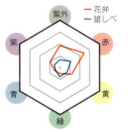

花弁／雄しべ
紫外・赤・黄・緑・青・紫

香りの好み

ミツバチ／ハナバチ／ハナアブ・ハエ

蜜量と糖度

蜜量	採取できず	☆☆☆☆☆
糖度	採取できず	☆☆☆☆☆
養蜂での評価		☆☆☆☆☆

花粉のサイズと数

1粒体積	約1.3万μm³	★★☆☆☆
花粉数	約8.1万個	★★★☆☆
養蜂での評価		★☆☆☆☆

35

ナワシロイチゴ

バラ科 キイチゴ属

- 区分　　野生（在来）
- 開花期　5〜6月
- 年生　　木本

**葉や茎はトゲだらけの
日本原産の野生イチゴ**

ハナバチに好かれる香りを出し、蜜は糖度が非常に高い。花弁が開かない独特の形をしているがキムネクマバチをはじめ、多くのハナバチが訪花し頭をつっこんでいる。人が蜜を採取するときは、花の先を雄しべごと切除して細いガラス管を差し込む。

春　ピンク・赤・紫・青の花

キムネクマバチ

蜜

おもな訪花昆虫

ミツバチ類	★★☆
マルハナバチ類	★★☆
小型ハナバチ類	★★☆
ハナアブ・ハエ類	★★☆

花のサイズ

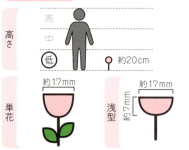

高さ：低　約20cm
単花：約17mm
浅型：約17mm／約7mm

花の色

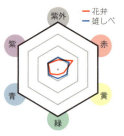

—花弁
—雄しべ
紫外・赤・黄・緑・青・紫

香りの好み

ミツバチ／ハナバチ／ハナアブ・ハエ

蜜量と糖度

蜜量	約1μL	★★★☆☆
糖度	約71%	★★★★★
養蜂での評価		★★★★☆

花粉のサイズと数

1粒体積	約8,700μm³	★☆☆☆☆
花粉数	約7.8万個	★★★☆☆
養蜂での評価		★★★★☆

ネモフィラ

ムラサキ科 ネモフィラ属

ベニシジミ

- 区分　　園芸
- 開花期　4〜5月
- 年生　　1年草

自家受粉するための花粉は虫にも利用される

自家受粉が基本で、花の大きさの割に花蜜はとても少ない。花粉はおもにハナアブ類が利用しており、ハナアブ類が好むような香りが生産されている。花弁の根元に毛が生えた裂け目があり、そこから細いガラス管を差し込むと蜜を採取しやすい。

アカガネコハナバチ
ナミハナアブ
ホソヒラタアブ

おもな訪花昆虫

ミツバチ類	★★☆
マルハナバチ類	★★☆
小型ハナバチ類	★★☆
ハナアブ・ハエ類	★★★

春

ピンク・赤・紫・青の花

花のサイズ

高さ：高／中／低　約20cm

単花　約28mm

浅型　約28mm　約8mm

花の色

紫外・赤・黄・緑・青・紫
NoData

香りの好み

ミツバチ／ハナバチ／ハナアブ・ハエ

蜜量と糖度

蜜量	0.1μL 未満	★☆☆☆☆
糖度	約52%	★★★★☆
養蜂での評価		★☆☆☆☆

花粉のサイズと数

1粒体積	約7,200μm³	★☆☆☆☆
花粉数	約13万個	★★★★☆
養蜂での評価		★★☆☆☆

37

バーベナ

クマツヅラ科 クマツヅラ属

三尺バーベナ

- 区分　　園芸／野生（外来）
- 開花期　4〜11月
- 年生　　1〜多年草

開花期が長く品種が豊富な園芸種で野生化も

野生化しており道端でよく見かける。多くの品種があり、訪れる虫の種類や数が異なる。三尺バーベナ（右上写真）は訪花昆虫が多い。天敵の増殖を助ける天敵温存植物としても利用される。蜜量を測るときは花を引き抜いて上から下に向かって蜜をしごき出すとよい。

春　ピンク・赤・紫・青の花

おもな訪花昆虫

ミツバチ類	★★☆
マルハナバチ類	★★☆
小型ハナバチ類	★★☆
ハナアブ・ハエ類	★★☆

花のサイズ

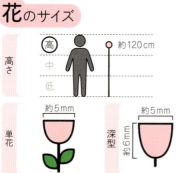

高さ：高/中/低　約120cm
単花　約5mm
深型　約5mm／約6mm

花の色

━ タピアン
━ 花手毬

香りの好み

蜜量と糖度

蜜量	約0.5μL	★★☆☆☆
糖度	約27%	★★☆☆☆
養蜂での評価		★☆☆☆☆

花粉のサイズと数

1粒体積	約2.7万μm^3	★★★☆☆
花粉数	約4,800個	★☆☆☆☆
養蜂での評価		★★☆☆☆

ハゼリソウ

ムラサキ科 ハゼリソウ属

- 区分　　園芸
- 開花期　4〜7月
- 年生　　1年草

**青紫の花が次々に咲く
蜜源・緑肥・景観植物**

本州では春播きでも秋播きすると春に満開になる緑肥植物。北海道など寒冷地は春播き限定。巻いた花穂をのばしながら次々と紫色の花を開く。花粉も紫で、訪れたミツバチが足につけている花粉団子は濃い紫色。比較的花期も長く、天敵温存植物としても注目されている。

セイヨウミツバチ

ツチバチの一種

コアオハナムグリ

セセリチョウの一種

おもな訪花昆虫

ミツバチ類	★★★
マルハナバチ類	★☆☆
小型ハナバチ類	★★★
ハナアブ・ハエ類	★☆☆

春 ピンク・赤・紫・青の花

花のサイズ

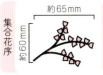

高さ：中　約40cm

集合花序 約65mm／約60mm
深型 約10mm／約20mm

花の色

紫外・赤・黄・緑・青・紫

香りの好み

ミツバチ／ハナバチ／ハナアブ・ハエ

蜜量と糖度

蜜量	約0.4μL	★★☆☆☆
糖度	約38%	★★★☆☆
養蜂での評価		★★★★☆

花粉のサイズと数

1粒体積	約5,600μm³	★☆☆☆☆
花粉数	約15万個	★★★★☆
養蜂での評価		★★☆☆☆

パンジー

スミレ科 スミレ属

- 区分　園芸
- 開花期　11〜5月
- 年生　1年草

育てやすくカラフルだが虫にとっては魅力なし

花期が長く、庭先や街の花壇などいたるところに見られるが、ほとんど虫の訪花はない。蜜は確認できていないが、まれにチョウが吸蜜しているようなので蜜があると思われる。花の後ろ側に細長い距がある。ビオラ(P.63)との明確な区別はない。

距（きょ）

おもな訪花昆虫

ミツバチ類	★★★
マルハナバチ類	★★★
小型ハナバチ類	★★★
ハナアブ・ハエ類	★★★

春　ピンク・赤・紫・青の花

花のサイズ

高さ 約10cm
単花 約27mm
浅型 約27mm / 約13mm

花の色

黄色い花
黄色い花中心（紫）

紫外／赤／黄／緑／青／紫

香りの好み

ミツバチ／ハナバチ／ハナアブハエ

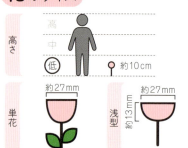

蜜量と糖度

蜜量	採取できず	★★★★★
糖度	採取できず	★★★★★
養蜂での評価		★★★★★

花粉のサイズと数

1粒体積	約19万μm³	★★★★★
花粉数	約3,200個	★★★★★
養蜂での評価		★★★★★

ヒメオドリコソウ

シソ科 オドリコソウ属

- 区分　　野生（外来）
- 開花期　3～5月
- 年生　　1年草

群生するとまるで一面ピンクの絨毯のよう

春先に見られる。花粉源植物として評価されており、ミツバチ以外のハナアブやハナバチの訪花も多い。花の香りはハナバチ好み。春にハチが真っ赤な花粉団子をつけていたら、ヒメオドリコソウかホトケノザ（P.42）の花粉と考えてよいだろう。

アリの一種

おもな訪花昆虫

ミツバチ類	★☆☆
マルハナバチ類	★☆☆
小型ハナバチ類	★★☆
ハナアブ・ハエ類	★★☆

春 ピンク・赤・紫・青の花

花のサイズ

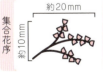

高さ：低　約10cm

集合花序 約20mm／約10mm
深型 約4mm／約10mm

花の色

紫外・赤・黄・緑・青・紫

香りの好み

ミツバチ／ハナバチ／ハナアブ・ハエ

蜜量と糖度

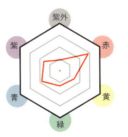

蜜量	0.1μL 未満	★☆☆☆☆
糖度	約31%	★★☆☆☆
養蜂での評価		★★☆☆☆

花粉のサイズと数

1粒体積	約1.9万μm³	★★☆☆☆
花粉数	約3,300個	★★☆☆☆
養蜂での評価		★★★☆☆

ホトケノザ

シソ科 オドリコソウ属

- 区分　　野生（在来）
- 開花期　3〜5月
- 年生　　1年草

春を告げる真っ赤な花粉団子

ヒメオドリコソウ（P.41）と近縁な仲間で、花粉団子も同じく真っ赤。養蜂における蜜源としての評価はなぜか少し低いが、ヒゲナガハナバチがよく訪花する。虫によって受粉される開放花と自家受粉する閉鎖花がある。

春　ピンク・赤・紫・青の花

おもな訪花昆虫

ミツバチ類	★☆☆
マルハナバチ類	★☆☆
小型ハナバチ類	★★☆
ハナアブ・ハエ類	★☆☆

花のサイズ

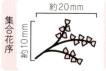

花の色

香りの好み

蜜量と糖度

蜜量	0.1μL 未満	★☆☆☆☆
糖度	約43%	★★★☆☆
養蜂での評価		★☆☆☆☆

花粉のサイズと数

1粒体積	約1.8万μm³	★★☆☆☆
花粉数	約3,100個	★★☆☆☆
養蜂での評価		★★☆☆☆

マツバウンラン

オオバコ科 マツバウンラン属

- 区分　　野生（外来）
- 開花期　4〜6月
- 年生　　1年草

ハナバチが訪れる立ち姿がきれいな春の花

空き地などでよく見られる。淡い紫の花の中には黄色の鮮やかな花粉があり、真っ黄色の花粉をつけたハナバチが見られる。花蜜は花の奥の細い筒状の距にある。ミツバチはほとんど利用せず、もっと小さなハナバチの利用が多い。

距（きょ）

小型ハナバチの一種

コハナバチの一種

おもな訪花昆虫

ミツバチ類	★★★
マルハナバチ類	★★★
小型ハナバチ類	★★★
ハナアブ・ハエ類	★★★

春　ピンク・赤・紫・青の花

花のサイズ

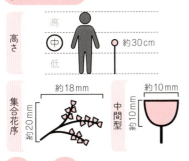

約30cm

約18mm　約10mm
集合花序 約20mm　中間型 約10mm

花の色

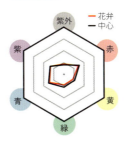

花弁／中心
紫外・赤・黄・緑・青・紫

香りの好み

ミツバチ／ハナバチ／ハナアブ・ハエ

蜜量と糖度

蜜量	0.1μL 未満	★★★★★
糖度	約51%	★★★★★
養蜂での評価		★★★★★

花粉のサイズと数

1粒体積	約2,300μm³	★★★★★
花粉数	約2.3万個	★★★★★
養蜂での評価		★★★★★

ムラサキカタバミ

カタバミ科 カタバミ属

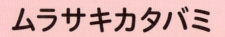

- 区分　野生（外来）
- 開花期　5〜7月
- 年生　多年草

花粉はつくらないが蜜は少し出す栄養繁殖植物

花の中心に向かって色が濃くなり、蜜標として機能していると考えられる。蜜は多くないが糖度は高い。ハナバチが少し訪花し、チョウの訪花も見られる。花粉はなく、種子をつくらずもっぱら栄養繁殖を行なう。

雄しべが花弁化している

アブラムシの一種

春

ピンク・赤・紫・青の花

おもな訪花昆虫

ミツバチ類	★☆☆
マルハナバチ類	☆☆☆
小型ハナバチ類	★★☆
ハナアブ・ハエ類	★☆☆

花のサイズ

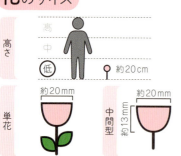

高さ 約20cm
単花 約20mm
中間型 約20mm／約13mm

花の色

（花弁・中心・雄しべ）
紫外・赤・黄・緑・青・紫

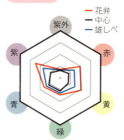

香りの好み

ミツバチ／ハナバチ／ハナアブハエ

蜜量と糖度

蜜量	0.1μL 未満	★☆☆☆☆
糖度	約55%	★★★★☆
養蜂での評価		★☆☆☆☆

花粉のサイズと数

1粒体積	花粉なし	☆☆☆☆☆
花粉数	花粉なし	☆☆☆☆☆
養蜂での評価		★☆☆☆☆

※花粉があるという情報もあるが今回は検出できず

ムラサキサギゴケ

ハエドクソウ科 サギゴケ属

- 区分　　野生（在来）
- 開花期　4〜6月
- 年生　　多年草

精巧な受粉を行なう
自家不和合性の虫媒花

蜜のありかを教える黄褐色の蜜標が目立つ。ハナバチ類の訪花が多い。柱頭は先端が上下に分かれていて、虫から花粉を受け取るとそれが閉じることで花粉を確実に保持する。近縁のよく似たトキワハゼは自家受粉で種子をつくる。

小型ハナバチの一種

コハナバチの一種

おもな訪花昆虫

ミツバチ類	★☆☆
マルハナバチ類	★☆☆
小型ハナバチ類	★★☆
ハナアブ・ハエ類	★☆☆

春

ピンク・赤・紫・青の花

花のサイズ

高さ：高／中／低　約10cm

単花

約9mm

約9mm　深型　約11mm

花の色

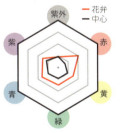

花弁／中心
紫外・紫・青・緑・黄・赤

香りの好み

ミツバチ／ハナアブ・ハエ／ハナバチ

蜜量と糖度

蜜量	0.1μL 未満	★☆☆☆☆
糖度	約34%	★★☆☆☆
養蜂での評価		☆☆☆☆☆

花粉のサイズと数

1粒体積	約1万μm³	★★☆☆☆
花粉数	約1.8万個	★★★☆☆
養蜂での評価		☆☆☆☆☆

ラベンダー

シソ科 ラヴァンドラ属

ハラナガツチバチの一種

- 区分　　園芸
- 開花期　5〜7月
- 年生　　多年草

香り高いトップクラスの蜜源・花粉源植物

ミツバチをはじめハナバチ類が多く訪れる。一つの花あたりの蜜量はトップクラス。花粉源としての評価も高い。香りは強く、ミツバチやハナバチが好む。花の部分をガクから引き抜いて下から採取用のガラス管を差し込むと蜜がとりやすい。

春

ピンク・赤・紫・青の花

セイヨウミツバチ

おもな訪花昆虫

ミツバチ類	★★☆
マルハナバチ類	★★★
小型ハナバチ類	★★☆
ハナアブ・ハエ類	★☆☆

花のサイズ

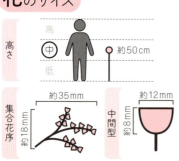

高さ 中　約50cm

集合花序 約35mm 約18mm
中間型 約12mm 約8mm

花の色

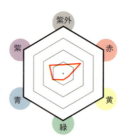

紫外・赤・黄・緑・青・紫

香りの好み

ミツバチ・ハナバチ・ハナアブ ハエ

蜜量と糖度

蜜量	約2μL	★★★☆☆
糖度	約36%	★★★☆☆
養蜂での評価		★★★★☆

花粉のサイズと数

1粒体積	約9,400μm³	★☆☆☆☆
花粉数	約4,400個	★★☆☆☆
養蜂での評価		★★★★★

46

リンゴ

バラ科 リンゴ属

ヒラタアブの一種

- 区分　　作物
- 開花期　4～5月
- 年生　　木本

自家不和合性で虫による受粉が不可欠

マメコバチやミツバチを中心に、小型ハナバチやハナアブ類も多く訪れる。リンゴの花だけから集められた単花ハチミツは非常に人気が高い。優しくて素朴な花の香りはミツバチ、ハナバチ、ハエやハナアブ類すべてに好まれる。

ニホンミツバチ

小型ハナバチの一種

おもな訪花昆虫

ミツバチ類	★★★
マルハナバチ類	★★☆
小型ハナバチ類	★★★
ハナアブ・ハエ類	★★☆

春

ピンク・赤・紫・青の花

花のサイズ

 2m以上
 高/中/低

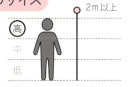
単花　約30mm
浅型　約30mm／約8mm

花の色

紫外・赤・黄・緑・青・紫
NoData

香りの好み

ミツバチ
ハナアブ・ハエ　ハナバチ

蜜量と糖度

蜜量	約3μL	★★★☆☆
糖度	約44%	★★★★☆
養蜂での評価		★★★★★

花粉のサイズと数

1粒体積	約2.5万μm³	★★★☆☆
花粉数	約13万個	★★★★☆
養蜂での評価		★★★★★

47

ルピナス

マメ科 ルピナス属

- 区分　　園芸
- 開花期　4〜6月
- 年生　　1年草

独特の花姿が特徴的なマメ科植物

色とりどりの塔のような花序が下から順に咲いていく様子は遠くからでもよく目立つ。花の一つ一つの形はマメ科らしい形をしている。色も形もさまざまな品種がある。ハナアブやハエに好まれる香りを出す。

春

ピンク・赤・紫・青の花

花粉

おもな訪花昆虫

ミツバチ類	★☆☆
マルハナバチ類	★★☆
小型ハナバチ類	★☆☆
ハナアブ・ハエ類	★★★

花のサイズ　※参考値

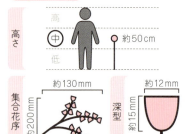

高さ：中　約50cm
集合花序：約130mm　約200mm
深型：約12mm　約15mm

花の色

赤花／白花
紫外・赤・黄・緑・青・紫

香りの好み

ミツバチ／ハナバチ／ハナアブ・ハエ

蜜量と糖度

蜜量	採取できず	★☆☆☆☆
糖度	採取できず	★☆☆☆☆
養蜂での評価		★☆☆☆☆

花粉のサイズと数

1粒体積	約5.3万μm³	★★★★☆
花粉数	約3万個	★★★☆☆
養蜂での評価		★★★☆☆

ローズマリー

シソ科 アキギリ属

- 区分　　園芸
- 開花期　10〜5月
- 年生　　木本

開花期が長くミツバチが大好きな蜜源植物

花の少ない冬から春にかけての長い期間、花を咲かせ続ける貴重な蜜源。花を訪れたミツバチの背中に雄しべの花粉（写真矢印）がつく構造になっている。花粉源としても重要。花正面の2本の雄しべの間から細いガラス管を差し込んで花蜜を採取するとよい。

おもな訪花昆虫

ミツバチ類	★★☆
マルハナバチ類	★★★
小型ハナバチ類	★★★
ハナアブ・ハエ類	★☆☆

春 ピンク・赤・紫・青の花

花のサイズ

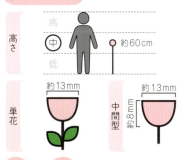

高さ：約60cm
単花：約13mm
中間型：約13mm／約8mm

花の色

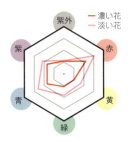

濃い花／淡い花

香りの好み

蜜量と糖度

蜜量	約0.2μL	★★☆☆☆
糖度	約51%	★★★★☆
養蜂での評価		★★★☆☆

花粉のサイズと数

1粒体積	約4.9万μm³	★★★☆☆
花粉数	約3,800個	★☆☆☆☆
養蜂での評価		★★☆☆☆

column #1

ウメに訪花するミツバチを増やす試み

　農作物の受粉を促進するため、畑の近くに花の咲く植物を植えることがあります。たとえば、畑の一画に植えた花や果樹園の周りの防風林に咲いた花が虫を増やし、農作物の受粉を促進することが、ヨーロッパを中心に実証されてきました。日本での取り組みはまだありませんが、日本のウメの6割以上を生産する和歌山県での研究事例を紹介します。

　ウメはもっとも早く開花する果樹で、和歌山県の主要品種である南高梅は2月中旬の寒い時期に花が咲きます。この時期に活動する訪花昆虫は少なく、日本在来のニホンミツバチやハナアブ類など、冬でも暖かい日に活動できる昆虫によってもともと受粉されていたと考えられます。そして、ウメ生産が拡大すると受粉のために1983年にセイヨウミツバチが導入され生産量が飛躍的に増加しました。しかし、年によって生産量の変動が大きく、不作の年をなくすことが課題となっています。

　生産量が減少する要因の一つは、寒さによる受粉不足です。セイヨウミツバチは気温15℃以上でウメによく訪花しますが、11℃でセイヨウミツバチの訪花は半減しました。和歌山ではウメの開花期間中に気温が10℃を下回り雪が降ることもあります。このようなときにはセイヨウミツバチの訪花がほとんど見られません。そこで、ウメ園に菜の花(ナバナ)を植えてみることにしました。菜の花はアブラナ属(P.51)の植物で、蜜も花粉も豊富で、セイヨウミツバチが大好きな花です。ウメと同時に開花する品種もあり、ウメの開花期に合わせて咲かせることが可能です。実際に植えてみると、やはり菜の花には多くのセイヨウミツバチが訪れました。同時に近くのウメを訪れるセイヨウミツバチも増えました。とくに、気温が低い場合に菜の花の効果が大きく、ウメの花へのセイヨウミツバチの訪花が増加しました。

　なぜ菜の花があるとセイヨウミツバチがウメへよく訪れるのか、そのメカニズムはまだよくわかっていませんが、寒さによる受粉不足を解消する新たな技術として期待されます。

（前田 太郎）

参考：Maeda et al. 2023a Scientia Horticulturae 307: 111522.
Maeda et al. 2023b Scientia Horticulturae 312: 111844.

図1 ウメの花を訪れるセイヨウミツバチ

図2 ウメ園に植えた菜の花

アブラナ類

アブラナ科 アブラナ属

ミズナ

ナバナ / ニホンミツバチ / オオハナアブ / ハクサイ / 蜜

- 区分　　作物／野生（在来・外来）
- 開花期　12〜5月
- 年生　　1年草

菜の花畑は虫の楽園

河川敷でよく見かける一面黄色の菜の花畑はミツバチ、ハナバチ、ハナアブやハエだけでなくチョウやコウチュウなど多くの虫が利用する。アブラナ属の花は蜜も花粉も豊富で、セイヨウカラシナ、ムラサキハナナ、キャベツなども重要な蜜源・花粉源となっている。

セイヨウアブラナ

おもな訪花昆虫

ミツバチ類	★★★
マルハナバチ類	★★☆
小型ハナバチ類	★★☆
ハナアブ・ハエ類	★★☆

春　黄色・オレンジ色の花

花のサイズ

高さ：中　約90cm

集合花序 約30mm／約25mm
浅型 約12mm／約6mm

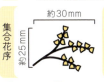

花の色

紫外・紫・青・緑・黄・赤

香りの好み

ミツバチ／ハナバチ／ハナアブ・ハエ

蜜量と糖度

蜜量	約0.3μL（チャガラシ）	★★☆☆☆
糖度	約65％（チャガラシ）	★★★★★
養蜂での評価		★★★★☆

花粉のサイズと数

1粒体積	約1.5万μm^3（キカラシナ）	★★★☆☆
花粉数	約10万個（キカラシナ）	★★★★☆
養蜂での評価		★★★★★

オオジシバリ

キク科 ニガナ属

小型ハナバチの一種

小型ハナバチの一種

キマダラハナバチの一種

ヒラタアブの一種

- 区分　野生（在来）
- 開花期　4〜6月
- 年生　多年草

刈払い機で管理されている畔畔などで多い

蜜は少ないが、小型のハナバチやハナアブが花粉を求めてよく訪れる。花弁は黄色いが、黄色と同じぐらい赤や紫外光も反射している。雄しべは黒い。花粉は花弁と同様濃い黄色。虫による受粉がないと、雌しべが巻いて自家受粉する。

春　黄色・オレンジ色の花

おもな訪花昆虫

ミツバチ類	★★☆
マルハナバチ類	★★☆
小型ハナバチ類	★★☆
ハナアブ・ハエ類	★☆☆

花のサイズ

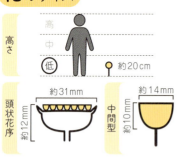

約20cm / 約31mm / 約12mm / 約14mm / 約10mm
頭状花序 / 中間型

花の色

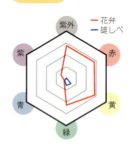

花弁／雄しべ
紫外・赤・黄・緑・青・紫

香りの好み

ミツバチ／ハナバチ／ハナアブ・ハエ

蜜量と糖度

蜜量	約0.6μL（花序）	★★☆☆☆
糖度	約42%	★★★☆☆
養蜂での評価		★☆☆☆☆

花粉のサイズと数

1粒体積	約2.3万μm³	★★☆☆☆
花粉数	約5.5万個（花序）	★★★☆☆
養蜂での評価		☆☆☆☆☆

カキ

カキノキ科 カキノキ属

雌花

雄花
コマルハナバチ
ニホンミツバチ
雌花

雄花
雌花

- 区分　　作物／野生（在来）
- 開花期　5月
- 年生　　木本

在来のコマルハナバチが受粉に貢献

受粉のためセイヨウミツバチが導入されるが、じつは在来のコマルハナバチが受粉に大きく貢献している。ニホンミツバチも多い。花粉は大きく数も多い。花粉源としても優秀だが、あまり評価されていない。開花期は短い。

おもな訪花昆虫

ミツバチ類	★★☆
マルハナバチ類	★★★
小型ハナバチ類	★★☆
ハナアブ・ハエ類	★☆☆

春
黄色・オレンジ色の花

花のサイズ

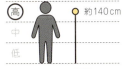
高さ：約140cm
高／中／低

単花：約23mm

中間型：約23mm、約12mm

花の色
― 花弁
― 雌しべ

紫外／赤／黄／緑／青／紫

香りの好み

ミツバチ／ハナバチ／ハナアブ・ハエ

蜜量と糖度

蜜量	約0.2μL	★★☆☆☆
糖度	約64%	★★★☆☆
養蜂での評価		★★★☆☆

花粉のサイズと数

1粒体積	約4.8万μm^3	★★★☆☆
花粉数	約17万個	★★★★☆
養蜂での評価		★★☆☆☆

カキネガラシ

アブラナ科 キバナハタザオ属

- 区分　　野生（外来）
- 開花期　4〜5月
- 年生　　1年草

ヒョロ長い茎が四方八方にのびる

枝が横に広がり垣根のように見えることからこの名がついた。郊外でよく見られる。蜜はあるが少量で採取できず、養蜂の面でも蜜源としての評価はない。花粉を求めて、たまにヒラタアブなどが訪花していることがある。ヨーロッパでは葉や種子が食用として広く栽培されている。

春　黄色・オレンジ色の花

おもな訪花昆虫

ミツバチ類	★☆☆
マルハナバチ類	★☆☆
小型ハナバチ類	★☆☆
ハナアブ・ハエ類	★☆☆

花のサイズ

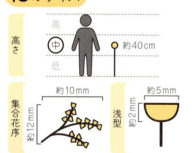

約40cm / 約10mm / 約12mm / 約5mm / 約2mm

集合花序　浅型

花の色

紫外・赤・黄・緑・青・紫

香りの好み

ミツバチ / ハナバチ / ハナアブ・ハエ

蜜量と糖度

蜜量	採取できず	★★★★★
糖度	採取できず	★★★★★
養蜂での評価		★★★★★

花粉のサイズと数

1粒体積	約8,200 μm^3	★★★★★
花粉数	約8,800個	★★★★★
養蜂での評価		★★★★★

カモミール

キク科 シカギク属

ナミハナアブ

- 区分　　園芸
- 開花期　5〜7月
- 年生　　1年草

ハーブティになる花の香りはハナアブに人気

ハナアブ類の訪花が多く、香り成分もハエやアブが好むものとなっている。チョウもときどき訪花することから蜜もありそうだが、残念ながら採取できず。花を摘んでお茶として楽しまれるカモミールティは、リラックス効果あり。

ハナアブの一種

おもな訪花昆虫

ミツバチ類	★★★
マルハナバチ類	★★★
小型ハナバチ類	★★★
ハナアブ・ハエ類	★★★

春　黄色・オレンジ色の花

花のサイズ

高さ 高/中/低

約40cm

頭状花序 約10mm / 約6mm
深型 約1mm / 約4mm

花の色

花弁／雄しべ
紫外・紫・青・緑・黄・赤

香りの好み

ミツバチ／ハナバチ／ハナアブ・ハエ

蜜量と糖度

蜜量	採取できず	★☆☆☆☆
糖度	採取できず	★☆☆☆☆
養蜂での評価		★★☆☆☆

花粉のサイズと数

1粒体積	約8,500μm³	★☆☆☆☆
花粉数	約79万個（花序）	★★★★☆
養蜂での評価		★☆☆☆☆

55

キンセンカ

キク科 キンセンカ属

- 区分　　園芸
- 開花期　12〜5月
- 年生　　1年草

冬から春の貴重な蜜源として期待

早春から初夏にかけて長く咲く。温暖な気候では冬でも開花する。蜜量も多く、花の少ない時期の蜜源として有望。ほかに蜜源があるとミツバチはこないかもしれないが、有力な蜜源がないときの補助蜜源としての機能に期待。

春　黄色・オレンジ色の花

キク科の
トゲトゲの花粉

おもな訪花昆虫

ミツバチ類	★★★
マルハナバチ類	★★★
小型ハナバチ類	★★★
ハナアブ・ハエ類	★★★

花のサイズ　※参考値

高さ：高/中/低　NoData

頭状花序　約50mm
単花の深さ　約30mm　NoData

花の色

香りの好み

蜜量と糖度

蜜量	約6μL（花序）	★★★★☆
糖度	約23%	★★☆☆☆
養蜂での評価		★★☆☆☆

花粉のサイズと数

1粒体積	約3.5万μm³	★★★☆☆
花粉数	約56万個（花序）	★★★★☆
養蜂での評価		★★☆☆☆

コメツブツメクサ

マメ科 シャジクソウ属

- 区分　　野生（外来）
- 開花期　5〜7月
- 年生　　1年草

乾燥花が詰め物としても使われた黄色いボンボン

糖度も十分な蜜があり、小型ハナバチ類が訪れるが蜜源としての評価はされていない。マメ科の花は花粉が露出しておらず花をこじあける必要があるため、ハナアブなどにとっては利用しにくいと考えられる。

ヒラタアブの一種

おもな訪花昆虫

ミツバチ類	★☆☆
マルハナバチ類	☆☆☆
小型ハナバチ類	★★☆
ハナアブ・ハエ類	★☆☆

春　黄色・オレンジ色の花

花のサイズ

約5cm

頭状花序　約6mm

中間型　約2mm

花の色

香りの好み

ミツバチ / ハナアブハエ / ハナバチ

蜜量と糖度

蜜量	約0.7μL（花序）	★★☆☆☆
糖度	約47％	★★★☆☆
養蜂での評価		☆☆☆☆☆

花粉のサイズと数

1粒体積	約1.1万μm^3	★★☆☆☆
花粉数	約8,100個（花序）	★★☆☆☆
養蜂での評価		☆☆☆☆☆

ズッキーニ

ウリ科 カボチャ属

雄花

- 区分　作物
- 開花期　5〜8月
- 年生　1年草

早朝が勝負、虫に頼るか人工授粉か

早朝のごく短い時間しか開花せず、人工授粉が推奨されるが、虫が多ければ自然に受粉を任せられる。セイヨウミツバチやマルハナバチのほか、アジアではトウヨウミツバチが受粉に貢献している。蜜量は多くクセのない甘さで、近縁のカボチャ（P.126）の蜜よりもあっさりしている。花粉は大きい。

春　黄色・オレンジ色の花

おもな訪花昆虫

ミツバチ類	★★★
マルハナバチ類	★★★
小型ハナバチ類	★★★
ハナアブ・ハエ類	★★★

花のサイズ

花の色

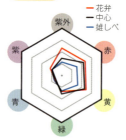

香りの好み

蜜量と糖度（雌花）

蜜量	約43μL	★★★★★
糖度	約27%	★★★★★
養蜂での評価		★★★★★

花粉のサイズと数

1粒体積	約45万μm^3	★★★★★
花粉数	約2.1万個	★★★★★
養蜂での評価		★★★★★

タンポポ類

キク科 タンポポ属

- 区分　　野生（在来・外来）
- 開花期　3〜5月
- 年生　　多年草

誰もが訪れる春の定番

在来種、外来種ともに蜜も花粉も豊富で、ミツバチ、ハナバチ、ハナアブ類すべてが利用する春の代名詞的存在。タンポポのハチミツには独特の風味と少し苦みがあるものも。花の香りはハナバチに好かれるタイプ。蜜の計測は花を裂くようにして採取するとよい。

ホソヒラタアブ

ヒメハナバチの一種

おもな訪花昆虫

ミツバチ類	★★★
マルハナバチ類	★★★
小型ハナバチ類	★★★
ハナアブ・ハエ類	★★☆

春　黄色・オレンジ色の花

花のサイズ

高さ：低　約20cm
頭状花序 約43mm／約10mm
深型 1mm以下／約5mm

花の色

紫外・赤・黄・緑・青・紫

香りの好み

ミツバチ／ハナバチ／ハナアブ・ハエ

蜜量と糖度

蜜量	約10μL（花序）	★★★★☆
糖度	約35%	★★★☆☆
養蜂での評価		★★★☆☆

花粉のサイズと数

1粒体積	約1.8万μm^3	★★☆☆☆
花粉数	約42万個（花序）	★★★★☆
養蜂での評価		★★★★☆

ノボロギク

キク科 キオン属

- 区分　　野生（外来）
- 開花期　3〜7月
- 年生　　1年草

つぼみのようだが じつは咲いている

小さな花が集まって咲くが、ギュッと詰まったまま大きく開かず、いつまでもつぼみのように見えてしまう。蜜はなく、自家受粉によって種子をつくる。ときどき小型ハナバチ類が訪れている。

春
黄色・オレンジ色の花

おもな訪花昆虫

ミツバチ類	★★★
マルハナバチ類	★★★
小型ハナバチ類	★★★
ハナアブ・ハエ類	★★★

花のサイズ
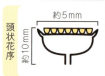

花の色

香りの好み

蜜量と糖度

蜜量	採取できず	★★★★★
糖度	採取できず	★★★★★
養蜂での評価		★★★★★

花粉のサイズと数

1粒体積	約6,900 μm^3	★★★★★
花粉数	約1.7万個（花序）	★★★★★
養蜂での評価		★★★★★

ハハコグサ

キク科 ハハコグサ属

- 区分　　野生（在来）
- 開花期　3〜6月
- 年生　　多年草

春の七草ごぎょう（御形）は蜜を出さない

ハエやアブの訪花が見られ、香りもハナアブ・ハエ類好み。蜜はないか、あっても極少量。訪花昆虫はおもに花粉を利用しているようだ。ミツバチの訪花は見られず、蜜源、花粉源としての評価もない。よく似た種に外来種のセイタカハハコグサがある。

小型ハナバチの一種

ハエの一種

ヒラタアブの一種

おもな訪花昆虫

ミツバチ類	★☆☆
マルハナバチ類	★☆☆
小型ハナバチ類	★☆☆
ハナアブ・ハエ類	★★☆

春　黄色・オレンジ色の花

花のサイズ

約20cm

約14mm　複合花序　約9mm　（頭状花序が集合）

約2mm　深型　約3mm

花の色

紫外／赤／黄／緑／青／紫

香りの好み

ミツバチ／ハナバチ／ハナアブ・ハエ

蜜量と糖度

蜜量	採取できず	★☆☆☆☆
糖度	採取できず	★☆☆☆☆
	養蜂での評価	★☆☆☆☆

花粉のサイズと数

1粒体積	約3,500 μm³	★☆☆☆☆
花粉数	約1.2万個（花序）	★★★☆☆
	養蜂での評価	★☆☆☆☆

ビーダンス

キク科 ビデンス属

- 区分　　園芸
- 開花期　3〜6月、9〜11月
- 年生　　多年草

ハチも踊るハチミツのような花の香り

ビデンス属の改良園芸品種。名前の由来となったハチミツのような花の香りはミツバチにもハナバチにもハナアブにも好かれるタイプ。花蜜も花粉もあり、開花期が長いことから、補助蜜源として期待される。

春　黄色・オレンジ色の花

おもな訪花昆虫

ミツバチ類	★★★
マルハナバチ類	★★★
小型ハナバチ類	★★★
ハナアブ・ハエ類	★★★

花のサイズ

高さ：約10cm
頭状花序：約37mm／約16mm
深型：1mm以下／約4mm

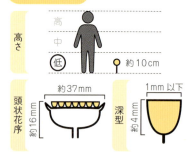

花の色

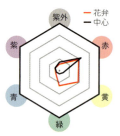

― 花弁
― 中心

香りの好み

蜜量と糖度

蜜量	約4μL（花序）	★★★★★
糖度	約39%	★★★★★
養蜂での評価		★★★★★

花粉のサイズと数

1粒体積	約7,700μm³	★★★★★
花粉数	約24万個（花序）	★★★★★
養蜂での評価		★★★★★

ビオラ

スミレ科 スミレ属

- 区分　　園芸
- 開花期　11〜5月
- 年生　　1年草

冬から春の貴重な花だが訪花する虫は少ない

花壇などによく植えられる代表的な園芸植物。花が小さいのがビオラ、大きいのがパンジー (P.40) と呼ばれる。ほかの花が少ない冬から春にかけて咲くが、蜜はほとんどなく、訪花昆虫は少ない。虫に好まれる香りはあり、大きな花粉を少しつける。

おもな訪花昆虫

ミツバチ類	★★★
マルハナバチ類	★★★
小型ハナバチ類	★☆☆
ハナアブ・ハエ類	★☆☆

春 — 黄色・オレンジ色の花

花のサイズ

高さ: 低　約20cm

単花　約28mm

深型　約28mm　約33mm

花の色

白花／黄／紫
紫外・紫・青・緑・黄・赤

香りの好み

ミツバチ／ハナバチ／ハナアブ・ハエ

蜜量と糖度

蜜量	採取できず	★☆☆☆☆
糖度	採取できず	★☆☆☆☆
	養蜂での評価	★☆☆☆☆

花粉のサイズと数

1粒体積	約27万μm³	★★★★★
花粉数	約4,800個	★★☆☆☆
	養蜂での評価	★☆☆☆☆

ヘビイチゴ

バラ科 キジムシロ属

アリの一種

- 区分　野生（在来）
- 開花期　4〜6月
- 年生　多年草

自家受粉で実る果実は無毒だが美味しくない

蜜も花粉も出していて、小型のハナバチやヒラタアブなどが少し訪花する。ミツバチの訪花はほとんど見られず、養蜂面からは評価されていない。虫が訪れなくても自家受粉し果実肥大と種子生産を行なう。果実と花弁の間の根元に蜜がある。

ヒメハナバチの一種

アザミウマ　蜜

おもな訪花昆虫

ミツバチ類	★☆☆
マルハナバチ類	★☆☆
小型ハナバチ類	★★☆
ハナアブ・ハエ類	★★☆

春　黄色・オレンジ色の花

花のサイズ

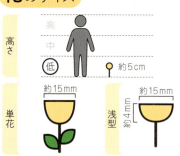

約5cm　約15mm　約15mm　約4mm
高さ：高/中/低　単花　浅型

花の色

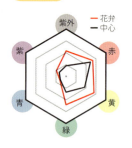

花弁／中心
紫外・赤・黄・緑・青・紫

香りの好み

ミツバチ／ハナアブ・ハエ／ハナバチ

蜜量と糖度

蜜量	約 0.1 μL	★★☆☆☆
糖度	約 51 %	★★★★☆
養蜂での評価		☆☆☆☆☆

花粉のサイズと数

1粒体積	約 1.1 万 μm³	★★☆☆☆
花粉数	約 1.4 万個	★★★☆☆
養蜂での評価		☆☆☆☆☆

ミツバツチグリ

バラ科 キジムシロ属

- 区分　　野生（在来）
- 開花期　4〜5月
- 年生　　多年草

ヘビイチゴに似るが果実が赤くならない

ヘビイチゴ（P.64）によく似ているが、ミツバツチグリは花弁の間が狭く、果実は赤くならない。花の中心は光って見えるが花蜜はない。ハナバチよりもハエやアブ好みの香りを出していて、ヒラタアブ、小型のハナバチ、コウチュウなどが見られる。

光って見えるが、花蜜ではない

おもな訪花昆虫

ミツバチ類	★☆☆
マルハナバチ類	★☆☆
小型ハナバチ類	★☆☆
ハナアブ・ハエ類	★☆☆

春　黄色・オレンジ色の花

花のサイズ ※参考値

約7cm

単花　約12mm
中間型　約12mm / 約10mm

花の色

香りの好み

蜜量と糖度

蜜量	採取できず	★★★★★
糖度	採取できず	★★★★★
	養蜂での評価	★★★★★

花粉のサイズと数

1粒体積	約1.1万μm³	★★☆☆☆
花粉数	約5.4万個	★★★☆☆
	養蜂での評価	★★★★★

メキシコマンネングサ

ベンケイソウ科 マンネングサ属

- 区分　　園芸／野生（外来）
- 開花期　4〜6月
- 年生　　多年草

道端に咲く乾燥に強い多肉植物

多肉質で道端などで野生化している。花蜜はあり、虫媒花といわれるが、訪花昆虫は少ない。コモチマンネングサ（P.132）と似るが、メキシコマンネングサは4〜5枚の葉が放射状につき（輪生）、星形の果実をつける。

春

黄色・オレンジ色の花

おもな訪花昆虫

ミツバチ類	★★☆
マルハナバチ類	★☆☆
小型ハナバチ類	★★☆
ハナアブ・ハエ類	★☆☆

花のサイズ

花の色

香りの好み

蜜量と糖度

蜜量	0.1μL 未満	★☆☆☆☆
糖度	約34％	★★☆☆☆
養蜂での評価		★★☆☆☆

花粉のサイズと数

1粒体積	NoData	★ NoData ★
花粉数	NoData	★ NoData ★
養蜂での評価		★★★★★

アマドコロ

キジカクシ科 アマドコロ属

- 区分　野生（在来）
- 開花期　4～5月
- 年生　多年草

明るい林床に白い花がすずなりに咲く

林床など明るい日陰に群生する野草。薬用にもなり、観賞用に栽培もされる。奥行きのあるベル型の花を下向きにつけるので、ハエやアブは利用しにくく、訪花昆虫はマルハナバチなどに限られる。

花粉

おもな訪花昆虫

ミツバチ類	★★★
マルハナバチ類	★★★
小型ハナバチ類	★★★
ハナアブ・ハエ類	★★★

春　白い花

花のサイズ　※参考値

高さ　中　約30cm

単花　約10mm
深型　約10mm／約16mm

花の色

NoData

香りの好み

蜜量と糖度

蜜量	約2μL	★★★☆☆
糖度	約33%	★★☆☆☆
養蜂での評価		☆☆☆☆☆

花粉のサイズと数

1粒体積	約4.9万μm³	★★★☆☆
花粉数	約5万個	★★★☆☆
養蜂での評価		☆☆☆☆☆

イチゴ

バラ科 オランダイチゴ属

- 区分　　作物
- 開花期　3〜5月
- 年生　　多年草

ハウス内でミツバチやマルハナバチが活躍

受粉によって形のよい大きな実ができるので、ハウス栽培の現場ではセイヨウミツバチがおもに利用されるが、マルハナバチやハエの利用も進んでいる。ハナバチが好む香りを出していて、花蜜も分泌する。露地栽培では3〜5月が開花期だが、ハウス栽培ではクリスマス前から厳冬期が開花シーズン。

春　白い花

アリの一種

蜜

おもな訪花昆虫

ミツバチ類	★★★
マルハナバチ類	★★★
小型ハナバチ類	★★★
ハナアブ・ハエ類	★★★

花のサイズ ※参考値

約10cm

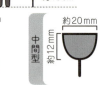

単花　約20mm
中間型　約20mm／約12mm

花の色

紫外・赤・黄・緑・青・紫

香りの好み

ミツバチ／ハナバチ／ハナアブ・ハエ

蜜量と糖度

蜜量	約 0.2 μL	★★☆☆☆
糖度	約 61 %	★★★★☆
養蜂での評価		★★☆☆☆

花粉のサイズと数

1粒体積	約 2,000 μm^3	★☆☆☆☆
花粉数	約 55 万個	★★★★☆
養蜂での評価		★★★☆☆

エゴノキ

エゴノキ科 エゴノキ属

セイヨウミツバチ

- 区分　　園芸／野生（在来）
- 開花期　5～6月
- 年生　　木本

真っ白になるほど咲き誇る蜜源・花粉源樹

一つの花あたりの花蜜量は少ないが、高糖度かつ、花数が多いので、多くの訪花昆虫に利用される。ミツバチやマルハナバチだけでなく、スズメバチなどの訪花もよく見られる。養蜂においても有力な蜜源。

キムネクマバチ

ヒゲナガハナバチの一種

ヒゲナガハナバチの一種

おもな訪花昆虫

ミツバチ類	★★★
マルハナバチ類	★★★
小型ハナバチ類	★★☆
ハナアブ・ハエ類	★☆☆

春　白い花

花のサイズ

高さ：高　2m以上

単花：約25mm

中間型：約25mm／約20mm

花の色

花弁／雄しべ

紫外・紫・青・緑・黄・赤

香りの好み

ミツバチ／ハナアブ・ハエ／ハナバチ

蜜量と糖度

蜜量	0.1μL 未満	★☆☆☆☆
糖度	約64％	★★★★☆
養蜂での評価		★★★★★

花粉のサイズと数

1粒体積	約3.2万μm³	★★★☆☆
花粉数	約11万個	★★★★☆
養蜂での評価		★★★★★

69

エンドウ

マメ科 エンドウ属

- 区分　　作物
- 開花期　3〜6月
- 年生　　1年草

メンデルが実験で用いた自家受粉の花

白花と赤花（紫花）があり、本ページの花色データは白花のもの。ミツバチやマルハナバチがよく訪花する。養蜂でも蜜源として評価されているが、受粉に訪花は必要なく、雄しべが雌しべに自然に触れることで自家受粉し種子がつくられる。

春
白い花

おもな訪花昆虫

ミツバチ類	★★★
マルハナバチ類	★★★
小型ハナバチ類	★★★
ハナアブ・ハエ類	★★★

セイヨウミツバチ

花のサイズ ※参考値

高さ：中　約40cm
単花：約30mm
中間型：約30mm / 約25mm

花の色

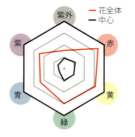

— 花全体
— 中心

紫外／赤／黄／緑／青／紫

香りの好み

ミツバチ／ハナバチ／ハナアブハエ

蜜量と糖度

蜜量	約1μL	★★★★★
糖度	約42%	★★★★★
養蜂での評価		★★★★★

花粉のサイズと数

1粒体積	約2.2万μm³	★★★★★
花粉数	約5.2万個	★★★★★
養蜂での評価		★★★★★

オオアマナ

キジカクシ科 オオアマナ属

- 区分　　野生（外来）
- 開花期　4〜5月
- 年生　　多年草

アマナに似るが有毒植物

園芸品種だが道端でも見かける。蜜はとても高い糖度を示す。切り口から粘性の高い液がにじみ出るため、解剖したり、花粉観察のためにすりつぶしたりするときに扱いづらい。ミツバチをはじめハナバチが訪花する。球根が食用にできるアマナとは科も異なり、オオアマナは有毒で食用不可。

おもな訪花昆虫

ミツバチ類	★★★
マルハナバチ類	★★★
小型ハナバチ類	★★★
ハナアブ・ハエ類	★★★

春　白い花

花のサイズ ※参考値

高さ：低　約20cm

単花 約25mm／中間型 約25mm・約20mm

花の色

NoData

香りの好み

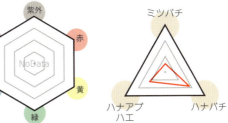
ミツバチ／ハナバチ／ハナアブ・ハエ

蜜量と糖度

蜜量	約0.7μL	★★☆☆☆
糖度	約78%	★★★★★
養蜂での評価		★☆☆☆☆

花粉のサイズと数

1粒体積	約6.1万μm³	★★★★☆
花粉数	約5.8万個	★★★☆☆
養蜂での評価		★☆☆☆☆

オランダミミナグサ

ナデシコ科 ミミナグサ属

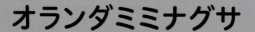

- 区分　　野生（外来）
- 開花期　3〜6月
- 年生　　1年草

葉に柔らかな毛が多い外来雑草

蜜は花弁の間の根元にあるが、少なすぎて採取できず。ミツバチもほとんど利用しないようだ。大きく開かない花も多く自家受粉で種子をつくる。日本には在来のミミナグサがあるが、いま見られるのはほとんどがオランダミミナグサになっている。

春 / 白い花

おもな訪花昆虫

ミツバチ類	★☆☆
マルハナバチ類	★☆☆
小型ハナバチ類	★★☆
ハナアブ・ハエ類	★☆☆

花のサイズ

約20cm

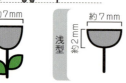
単花 約7mm / 浅型 約7mm 約2mm

花の色

NoData
（紫外・赤・黄・緑・青・紫）

香りの好み

ミツバチ / ハナバチ / ハナアブハエ

蜜量と糖度

蜜量	採取できず	★★★★★
糖度	採取できず	★★★★★
養蜂での評価		★★★★★

花粉のサイズと数

1粒体積	約1.2万μm³	★★★★★
花粉数	約2,200個	★★★★★
養蜂での評価		★★★★★

スズメノエンドウ

マメ科 ソラマメ属

- 区分　　野生（在来）
- 開花期　4〜5月
- 年生　　1年草

柔らかい雰囲気の小さな在来マメ科植物

ほかのソラマメ属と同様、自家受粉と考えられる。小さな花に蜜は確認できず、ミツバチの訪花も見られない。ハエやアブ好みの香りだが、雄しべが露出しない構造の花なので訪花は少ない。種名の「スズメ」は「カラス」ノエンドウ（P.22）よりも小さな花と実をつけることから。

おもな訪花昆虫

ミツバチ類	★★★
マルハナバチ類	★★★
小型ハナバチ類	★★★
ハナアブ・ハエ類	★★★

春　白い花

花のサイズ

 約20cm

 単花 約1mm／深型 約1mm 約3mm

花の色

NoData

香りの好み

蜜量と糖度

蜜量	採取できず	★★★★★
糖度	採取できず	★★★★★
養蜂での評価		★★★★★

花粉のサイズと数

1粒体積	約7,900 μm³	★★★★★
花粉数	約700個	★★★★★
養蜂での評価		★★★★★

ダイコン

アブラナ科 ダイコン属

セイヨウミツバチ

- 区分　　作物
- 開花期　4〜5月
- 年生　　1年草

とう立ちして花が咲いても虫の役に立つ

白い花と紫がかった花がある。アブラナ科(P.51)らしく蜜は豊富で、家庭菜園の取り残しのダイコンなどがとう立ちして、よい蜜源となる。ミツバチをはじめさまざまな昆虫が訪れる。アブラナ類(P.51)と同じく雄しべの根元に粒状になった蜜がある。

ビロードツリアブ　　セイヨウミツバチ

おもな訪花昆虫

ミツバチ類	★★☆
マルハナバチ類	★★☆
小型ハナバチ類	★★☆
ハナアブ・ハエ類	★★☆

春 / 白い花

花のサイズ

高さ：中　約40cm

集合花序 約30mm／約30mm
浅型 約18mm／約2mm

花の色

白花／紫花／紫花の中心
紫外・紫・青・緑・黄・赤

香りの好み

ミツバチ／ハナバチ／ハナアブ・ハエ

蜜量と糖度

蜜量	0.1μL 未満	★☆☆☆☆
糖度	約34%	★★☆☆☆
養蜂での評価		★★★☆☆

花粉のサイズと数

1粒体積	約9,100μm³	★☆☆☆☆
花粉数	約8.2万個	★★★☆☆
養蜂での評価		★★★☆☆

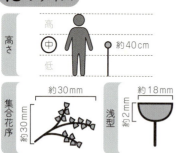

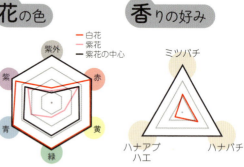

トウガラシ

ナス科 トウガラシ属

- 区分　　作物
- 開花期　5〜7月
- 年生　　多年草

ナス科では珍しく蜜を出す

ナス科植物の多くは蜜を出さないが、トウガラシは花弁の中央あたりから少量の蜜を出す。基本的には自家受粉だが、昆虫も訪花し他家受粉も行なわれる。ちなみにシシトウにトウガラシの花粉がついてもシシトウは辛くはならない。

おもな訪花昆虫	
ミツバチ類	★★★
マルハナバチ類	★★☆
小型ハナバチ類	★☆☆
ハナアブ・ハエ類	★☆☆

春　白い花

花のサイズ

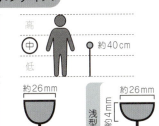

高さ：中　約40cm
単花：約26mm
浅型：約26mm　深さ4cm

花の色

花弁／中心
紫外・紫・赤・黄・緑・青

香りの好み

ミツバチ／ハナアブ・ハエ／ハナバチ

蜜量と糖度

蜜量	0.1μL未満	★☆☆☆☆
糖度	約57%	★★★★☆
養蜂での評価		★★☆☆☆

花粉のサイズと数

1粒体積	約1.2万μm³	★★☆☆☆
花粉数	約7.4万個	★★★☆☆
養蜂での評価		★★★★☆

ナシ

バラ科 ナシ属

セイヨウミツバチ

- 区分　　作物
- 開花期　3〜4月
- 年生　　木本

蜜源ではなく花粉源として有力

ミツバチや小型ハナバチがおもに受粉に貢献する。ナシの生産地では人工授粉が行なわれる。蜜は糖度が低く、よい蜜源ではないが、花粉は多く、花粉源として評価されている。花の香りは生臭く、ハエやアブが好みそうな匂い。

春 / 白い花

ヒラタアブの一種

オドリバエの一種

おもな訪花昆虫

ミツバチ類	★★★
マルハナバチ類	★★☆
小型ハナバチ類	★★★
ハナアブ・ハエ類	★★☆

花のサイズ ※参考値

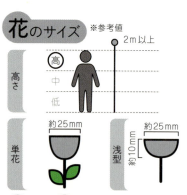

高さ：2m以上（高）
単花：約25mm
浅型：約25mm／約10mm

花の色

（六角形レーダーチャート：紫外・赤・黄・緑・青・紫）

香りの好み

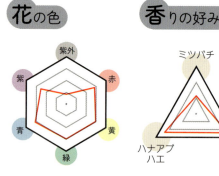

ミツバチ／ハナアブ・ハエ／ハナバチ

蜜量と糖度

蜜量	約2μL	★★★☆☆
糖度	約16%	★☆☆☆☆
養蜂での評価		★★☆☆☆

花粉のサイズと数

1粒体積	約1.8万μm³	★★☆☆☆
花粉数	約15万個	★★☆☆☆
養蜂での評価		★★★★☆

ナズナ

アブラナ科 ナズナ属

- 区分　　野生（在来）
- 開花期　3〜6月
- 年生　　1年草

蜜は出さずに自家受粉する「ぺんぺん草」

ハナバチが好みそうな香りを出している。花蜜は花の根元にあるが、とても少なく計測不能。ミツバチもごくまれに訪花するが、花粉目当てだと考えられる。受粉に訪花は不要で、つぼみのうちに花内で自家受粉して種子ができる。

コハナバチの一種

おもな訪花昆虫

ミツバチ類	★★★
マルハナバチ類	★★★
小型ハナバチ類	★★★
ハナアブ・ハエ類	★★★

春　白い花

花のサイズ

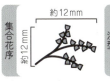
約20cm

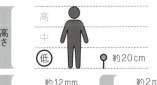
集合花序 約12mm／約12mm
浅型 約2mm／約1mm

花の色

香りの好み

蜜量と糖度

蜜量	採取できず	★★★★★
糖度	採取できず	★★★★★
養蜂での評価		★★★★★

花粉のサイズと数

1粒体積	約3,300 μm^3	★★★★★
花粉数	約5,700 個	★★★★★
養蜂での評価		★★★★★

ニセアカシア
（ハリエンジュ）

マメ科 ハリエンジュ属

- 区分　　園芸／野生（外来）
- 開花期　5〜6月
- 年生　　木本

甘い香りで虫を呼ぶ産業上重要な蜜源植物

糖度の高い蜜を出す、養蜂にはなくてはならない蜜源樹。とても甘くよい香りがただよう。ミツバチだけでなく、マルハナバチやキムネクマバチ、コウチュウやチョウなどさまざまな虫が集まる。産業上重要なため、産業管理外来種に指定されている。

春　白い花

ハナグモ / ジャコウアゲハ / クロマルハナバチ / 花の断面

おもな訪花昆虫

ミツバチ類	★★★
マルハナバチ類	★★★
小型ハナバチ類	★★☆
ハナアブ・ハエ類	★★☆

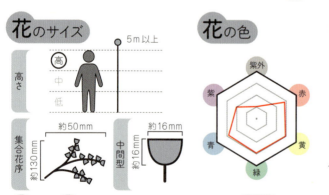

花のサイズ / 花の色 / 香りの好み

高さ：5m以上
集合花序：約50mm　約130mm
中間型：約16mm　約16mm

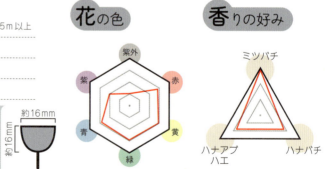

蜜量と糖度

蜜量	約1μL	★★★☆☆
糖度	約62%	★★★★☆
養蜂での評価		★★★★★

花粉のサイズと数

1粒体積	約1.8万μm³	★★☆☆☆
花粉数	約2.2万個	★★★☆☆
養蜂での評価		★★☆☆☆

ネギ

ヒガンバナ科 ネギ属

セイヨウミツバチ / ニホンミツバチ

- 区分　　作物
- 開花期　4〜6月
- 年生　　1年草

ネギ坊主は蜜が豊富で虫がたくさん集まる

香りはハエやアブ好みだが、ミツバチやハナバチ、チョウやコウチュウも数多く訪れる人気の花。蜜量も豊富で養蜂面での評価も高い。ネギやタマネギのタネ採り用にも、ミツバチが導入されて受粉に貢献している。しかし、蜜はネギ臭い。

コアオハナムグリ

ニホンミツバチ

おもな訪花昆虫

ミツバチ類	★★★
マルハナバチ類	★★☆
小型ハナバチ類	★★☆
ハナアブ・ハエ類	★★★

春　白い花

花のサイズ　※参考値

高さ：中　約60cm

頭状花序 約130mm／約100mm　深型 約5mm／約15mm

花の色

紫外／赤／黄／緑／青／紫

香りの好み

ミツバチ／ハナバチ／ハナアブ・ハエ

蜜量と糖度

蜜量	約127μL（花序）	★★★★★
糖度	約39%	★★★☆☆
養蜂での評価		★★★☆☆

花粉のサイズと数

1粒体積	約1.3万μm³	★★☆☆☆
花粉数	約1,055万個（花序）	★★★★★
養蜂での評価		★★☆☆☆

ノミノツヅリ

ナデシコ科 ノミノツヅリ属

- 区分　　野生（在来）
- 開花期　3〜6月
- 年生　　1年草

**高糖度の蜜を出す
小さな白い在来種**

普通に見られるハコベの仲間。星のように咲くわずか数mmの花から、高糖度の蜜が少し採れる。花が小さく大きな虫の訪花は難しそう。小さく丸い葉をノミの衣服（つづり）にたとえたのが名前の由来となっている。

春　白い花

おもな訪花昆虫

ミツバチ類	★☆☆
マルハナバチ類	★★★
小型ハナバチ類	★★☆
ハナアブ・ハエ類	★☆☆

花のサイズ

約10cm

単花 約3mm／中間型 約3mm 約2mm

花の色

紫外／赤／黄／緑／青／紫

香りの好み

ミツバチ／ハナバチ／ハナアブ・ハエ

蜜量と糖度

蜜量	0.1μL 未満	★☆☆☆☆
糖度	約64%	★★★★☆
養蜂での評価		☆☆☆☆☆

花粉のサイズと数

1粒体積	約1.3万μm³	★★☆☆☆
花粉数	約1,200個	★★☆☆☆
養蜂での評価		☆☆☆☆☆

ノミノフスマ

ナデシコ科 ハコベ属

- 区分　　野生（在来）
- 開花期　4〜10月
- 年生　　1年草

とても小さなハコベの仲間

少し湿った野原や畑で見られる。深く切れ込んで2枚に見える花びら5枚からなる小さな花をつける。蜜はありそうだが、花が小さすぎて採取できない。フスマは掛け布団のような寝具の意味で、蚤（ノミ）の布団のように小さな葉という意味の名前がついたといわれる。

おもな訪花昆虫

ミツバチ類	★☆☆
マルハナバチ類	☆☆☆
小型ハナバチ類	★☆☆
ハナアブ・ハエ類	★☆☆

春　白い花

花のサイズ

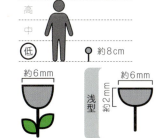

高さ：低　約8cm
単花：約6mm
浅型：約6mm／約2mm

花の色

紫外／赤／黄／緑／青／紫　NoData

香りの好み

ミツバチ／ハナバチ／ハナアブ・ハエ　NoData

蜜量と糖度

蜜量	採取できず	★☆☆☆☆
糖度	採取できず	★☆☆☆☆
養蜂での評価		★☆☆☆☆

花粉のサイズと数

1粒体積	約1.1万μm³	★★☆☆☆
花粉数	約300個	★☆☆☆☆
養蜂での評価		★☆☆☆☆

ハコベ類

ナデシコ科 ハコベ属

- 区分　　野生（在来）
- 開花期　3〜6月
- 年生　　1年草

小さいけれど驚きの受粉のしくみを備える

春先に多いが秋まで咲いているのを見かける。糖度の高い蜜を雄しべの根元から出すが、花が小さく量も多くない。小型ハナバチが訪れ、受粉すると花は下を向く。夕方まで受粉できなければ花を閉じて同じ花の中で雄しべと雌しべが触れ合い、確実に自家受粉を行なう。

春　白い花

おもな訪花昆虫

ミツバチ類	★★★
マルハナバチ類	★★★
小型ハナバチ類	★☆☆
ハナアブ・ハエ類	★★☆

花のサイズ

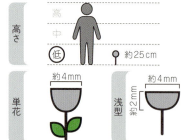

高さ　約25cm
単花　約4mm
浅型　約4mm／約2mm

花の色

香りの好み

蜜量と糖度

蜜量	0.1μL 未満	★☆☆☆☆
糖度	約73％	★★★★★
養蜂での評価		★☆☆☆☆

花粉のサイズと数

1粒体積	約1.2万μm³	★★☆☆☆
花粉数	約4,600個	★★☆☆☆
養蜂での評価		☆☆☆☆☆

ハルジオン

キク科 ムカシヨモギ属

- 区分　　野生（外来）
- 開花期　4〜6月
- 年生　　多年草

まさに昆虫たちのファミリーレストラン

白やピンクの上向きの皿型の花を多数咲かせる。ハナバチ、ハナアブ、ハエ、コウチュウやチョウなど、多種多様な訪花昆虫が訪れるファミリーレストランのような花。中心の黄色い筒状の花それぞれに蜜があると思われるが、花が小さすぎて採取困難。

ヒラタアブの一種
モモブトカミキリモドキ
ベニシジミ

おもな訪花昆虫

ミツバチ類	★★☆
マルハナバチ類	★☆☆
小型ハナバチ類	★★★
ハナアブ・ハエ類	★★★

春　白い花

花のサイズ

高さ　約50cm

頭状花序　約17mm　約6mm
深型　1mm以下　約3mm

花の色

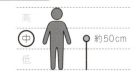

白花／ピンク／中心
紫外／赤／黄／緑／青／紫

香りの好み

ミツバチ／ハナバチ／ハナアブ・ハエ

蜜量と糖度

蜜量	採取できず	★☆☆☆☆
糖度	採取できず	★☆☆☆☆
養蜂での評価		★★★☆☆

花粉のサイズと数

1粒体積	約3,000 μm^3	★☆☆☆☆
花粉数	約71万個（花序）	★★★★☆
養蜂での評価		★★☆☆☆

83

ブルーベリー

ツツジ科 スノキ属

セイヨウミツバチ

- 区分　　作物
- 開花期　4〜5月
- 年生　　木本

豊富な蜜でさまざまな昆虫を動員する

ベル型の下向きの花は品種によってサイズがさまざま。受粉にセイヨウミツバチが導入されることも多いが、小さなハナバチやマルハナバチ、ハナアブ類も貢献しているようだ。蜜は多く、蜜源としても評価されている。

春　白い花

セイヨウミツバチ

花粉

おもな訪花昆虫

ミツバチ類	★★☆
マルハナバチ類	★★☆
小型ハナバチ類	★☆☆
ハナアブ・ハエ類	★★☆

花のサイズ ※参考値

高さ：中　約50cm

単花：約8mm
深型：約8mm／約10mm

花の色

紫外／赤／黄／緑／青／紫　NoData

香りの好み

ミツバチ／ハナバチ／ハナアブ・ハエ

蜜量と糖度

蜜量	約9μL	★★★★☆
糖度	約41%	★★★☆☆
養蜂での評価		★★☆☆☆

花粉のサイズと数

1粒体積	約1万μm^3	★★☆☆☆
花粉数	約2,500個	★★☆☆☆
養蜂での評価		★★★★☆

ミカン

ミカン科 ミカン属

- 区分　　作物
- 開花期　5月
- 年生　　木本

訪花昆虫が歓迎されないこともある

さわやかな蜜をたくさん出す優秀な蜜源樹。ミカンの品種によっては受粉するとタネが多く入るため、訪花が嫌われることもある。ケシキスイやハナムグリは吸蜜時に子房を傷つけて商品価値を低下させるので、訪花害虫と呼ばれる。

アオスジアゲハ / セイヨウミツバチ / 蜜

おもな訪花昆虫

ミツバチ類	★★★
マルハナバチ類	★★☆
小型ハナバチ類	★★☆
ハナアブ・ハエ類	★★☆

春　白い花

花のサイズ　※参考値

高さ：高/中/低　約120cm

単花　約30mm

浅型　約30mm / 約13mm

花の色

紫外 / 赤 / 黄 / 緑 / 青 / 紫　NoData

香りの好み

ミツバチ / ハナバチ / ハナアブ・ハエ

蜜量と糖度

蜜量	約0.7μL	★★☆☆☆
糖度	約41％	★★★☆☆
養蜂での評価		★★★★★

花粉のサイズと数

1粒体積	約1.1万μm^3	★★☆☆☆
花粉数	約7.1万個	★★★☆☆
養蜂での評価		★☆☆☆☆

ヤマボウシ

ミズキ科 ミズキ属

- 区分　園芸／野生（在来）
- 開花期　5〜6月
- 年生　木本

白い葉が花びらのように見える美しい花木

山林に自生するが、初夏の花、秋の実や紅葉が美しく、街路樹や庭木としても植えられる。ハナアブ類やカミキリムシ、コメツキがよく訪花する。花弁のように見えるのは花ではなく花のつけ根の葉（総苞）。

春 / 白い花

ヒメマルカツオブシムシ

蜜

おもな訪花昆虫

ミツバチ類	★★☆
マルハナバチ類	★★☆
小型ハナバチ類	★★☆
ハナアブ・ハエ類	★★★

花のサイズ

頭状花序 約90mm／約20mm
深型 約2mm／約3mm

花の色

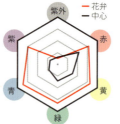

― 花弁　― 中心
紫外／赤／黄／緑／青／紫

香りの好み

ミツバチ／ハナバチ／ハナアブ・ハエ

蜜量と糖度

蜜量	約0.5μL（花序）	★★☆☆☆
糖度	約49%	★★★☆☆
養蜂での評価		★☆☆☆☆

花粉のサイズと数

1粒体積	約1.4万μm³	★★☆☆☆
花粉数	約30万個（花序）	★★★★☆
養蜂での評価		★☆☆☆☆

86

オオチドメ

ウコギ科 チドメグサ属

アリの一種

- 区分　　野生（在来）
- 開花期　5～9月
- 年生　　多年草

小さな緑の目立たない花

日当たりのよい湿った場所で葉が地面を覆うように広がる。薄い緑色で、2mm程度のぼんぼりのような目立たない花が咲く。蜜は少量で採取できず計測不可。ハエやアブが好む香りだが、小型ハナバチもときおり訪花する。

蜜

おもな訪花昆虫

ミツバチ類	★☆☆
マルハナバチ類	★☆☆
小型ハナバチ類	★★☆
ハナアブ・ハエ類	★★☆

春　緑色の花

花のサイズ

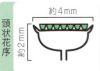

高さ：高／中／低　約10cm

頭状花序 約4mm／約2mm
浅型 約2mm／約1mm

花の色

紫外／赤／黄／緑／青／紫

香りの好み

ミツバチ／ハナバチ／ハナアブ・ハエ

蜜量と糖度

蜜量	採取できず	☆☆☆☆☆
糖度	採取できず	☆☆☆☆☆
養蜂での評価		☆☆☆☆☆

花粉のサイズと数

1粒体積	約3,000μm³	★☆☆☆☆
花粉数	約5.2万個（花序）	★★★☆☆
養蜂での評価		☆☆☆☆☆

87

column #2

花と昆虫のパートナーシップ —筒の長さと舌の長さの深い関係—

　花にはさまざまな昆虫が訪れますが、花にくれば誰でもよいのでしょうか？　じつは、花と昆虫には相性があり、その相性は花の筒の長さと昆虫の舌の長さに深く関係しています。今回は、この「筒の長さと舌の長さの関係」について考えてみましょう。

　まず、昆虫の視点から見てみましょう。昆虫の舌の長さは種類によってさまざまです。たとえば、マルハナバチやチョウ、ガなどは長い舌を持ちますが、小型ハナバチやハナアブ、ハエ、コウチュウ、カリバチなどは短い舌を持っています。昆虫の舌は花の筒の中の蜜を吸うためのストローのような役割を持っています。舌が短い昆虫は、長い筒の奥まで届かないため、深い場所にある蜜を吸うことができません（下図）。そのため、短い筒を持つ花を選んで訪れることが多いのです。一方、長い舌を持つ昆虫は、長い筒の花の奥にある蜜も吸えるので（下図）、短い筒の花と長い筒の花の両方を利用できますが、とくに蜜が多い長い筒の花を好みます。

　次に、花の視点で考えてみましょう。花粉を効率よく運んでもらうためには、訪れた昆虫の体が雄しべや雌しべにしっかり触れることが必要です。長い筒の花は、長い舌の昆虫が蜜を吸う際に体が雄しべに触れやすく、たくさんの花粉を運んでもらうことができます（写真1）。一方で、舌が短くても小さな昆虫は筒の中に潜り込んで蜜を吸うことができますが、雄しべや雌しべに触れることはまれで、花粉を運ぶ役割を十分に果たせません（写真2）。

　このように、舌の長さと筒の長さが同じくらいだと相性のよい組み合わせだとされています。花はただ昆虫がくればよいわけではなく、花粉をたくさん運んでくれる相性のよいパートナーを求めています。

　しかし、近年、世界中でマルハナバチやチョウなどの減少が問題となっています。これらの昆虫は長い舌を持ち、とくに長い筒の花にとって重要なパートナーです。彼らがいなくなると、長い筒の花は花粉が運ばれず、種子をつけることができなくなってしまいます。結果として、花の数も減ってしまうでしょう。さまざまな花が咲く美しい環境を守るためには、それぞれの花と相性のよいパートナーの存在が欠かせません。　（平岩 将良）

参考：Hiraiwa & Ushimaru 2017 Proc. R. Soc. B. 284: 20162218

図　舌が短い昆虫（左）
　　舌が長い昆虫（右）

写真1　ハマゴウを訪花するシロスジフトハナバチ

写真2　ハマゴウを訪花するメンハナバチの一種

アメリカフウロ

フウロソウ科 フウロソウ属

- 区分　　野生（外来）
- 開花期　4〜8月
- 年生　　1年草

いたるところで見られる外来植物

深く切れ込んだ葉とピンクの小さな花が特徴的で見つけやすい。とても大きな花粉をつくる。蜜は確認できず。ジャガイモやトマトの青枯病に対する抗菌物質を持ち、土にすき込むことで病気を抑える効果が期待できる。

モモブトカミキリモドキ

アシブトハナアブ

おもな訪花昆虫

ミツバチ類	★☆☆
マルハナバチ類	★☆☆
小型ハナバチ類	★★☆
ハナアブ・ハエ類	★★☆

花のサイズ

高さ：高／中／低　約20cm

単花　約8mm
浅型　約8mm／約2mm

花の色

紫外／赤／黄／緑／青／紫

香りの好み

ミツバチ／ハナバチ／ハナアブ・ハエ

夏

ピンク・赤・紫・青の花

蜜量と糖度

蜜量	採取できず	☆☆☆☆☆
糖度	採取できず	☆☆☆☆☆
養蜂での評価		★★☆☆☆

花粉のサイズと数

1粒体積	約17万μm³	★★★★★
花粉数	約200個	★☆☆☆☆
養蜂での評価		★★★★★

89

ハルタデ

タデ科 イヌタデ属

- 区分　　野生（在来）
- 開花期　6〜10月
- 年生　　1年草

**かたそうな粒々の
ピンクがほころぶ**

夏に小さなピンクのつぼみが並ぶ花穂から白い花が次々に咲く。どの虫にも好まれる花の香りで、さまざまな昆虫が訪れる。花弁の中央根元あたりに花蜜のようなものが見え、チョウも訪花することから蜜を分泌していると思われるが、採取できず。

マメコガネ

セイヨウミツバチ

おもな訪花昆虫

ミツバチ類	★★☆
マルハナバチ類	★★☆
小型ハナバチ類	★★★
ハナアブ・ハエ類	★★★

夏

ピンク・赤・紫・青の花

花のサイズ

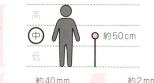

高さ 約50cm
集合花序 約40mm 約7mm
中間型 約2mm 約2mm

花の色

紫外・赤・黄・緑・青・紫

香りの好み

ミツバチ
ハナバチ
ハナアブハエ

蜜量と糖度

蜜量	採取できず	★☆☆☆☆
糖度	採取できず	★☆☆☆☆
養蜂での評価		★★☆☆☆

花粉のサイズと数

1粒体積	約4.3万μm^3	★★★☆☆
花粉数	約1.2万個（花序）	★★★☆☆
養蜂での評価		★★★★☆

ウツボグサ

シソ科 ウツボグサ属

- 区分　野生（在来）
- 開花期　6〜8月
- 年生　多年草

6本の筋の入ったラグビーボール状の花粉

蜜量は多く養蜂での蜜源としても評価されている。上下に分かれた花弁の上側に雄しべがあり、花に潜り込んだ虫の頭や背中に花粉をつける。写真の花粉は縦方向から撮影したもの。蜜を採取するときは花弁をそっと引き抜いて、根元を指で挟んで押し出すとよい。

花粉

おもな訪花昆虫

ミツバチ類	★☆☆
マルハナバチ類	★★☆
小型ハナバチ類	★★☆
ハナアブ・ハエ類	★☆☆

花のサイズ

高さ　約20cm

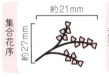

集合花序　約21mm　約27mm

深型　約7mm　約11mm

花の色

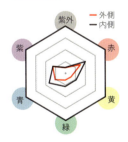

― 外側
― 内側

紫外／赤／黄／緑／青／紫

香りの好み

ミツバチ／ハナバチ／ハナアブ・ハエ

NoData

蜜量と糖度

蜜量	約0.2μL	★★☆☆☆
糖度	約49%	★★★☆☆
養蜂での評価		★★☆☆☆

花粉のサイズと数

1粒体積	約3.2万μm³	★★★☆☆
花粉数	約7,100個	★★☆☆☆
養蜂での評価		★☆☆☆☆

夏　ピンク・赤・紫・青の花

91

キキョウソウ

キキョウ科 キキョウソウ属

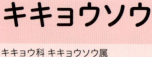

- 区分　　園芸／野生（外来）
- 開花期　5〜7月
- 年生　　1年草

他家受粉と自家受粉を使い分ける戦略家

在来種のキキョウに比べるとかなり小さな花で糖度の高い蜜を雄しべの根元から少し出す。紫から紫外光を反射し、濃い紫に見える。雌しべよりも雄しべが先に成熟するしくみ（雄性先熟）で、自家交配を避ける一方、閉鎖花で自家受粉もできる。

ヒラタアブの一種

おもな訪花昆虫

ミツバチ類	★★★
マルハナバチ類	★★★
小型ハナバチ類	★★★
ハナアブ・ハエ類	★★★

夏 / ピンク・赤・紫・青の花

花のサイズ

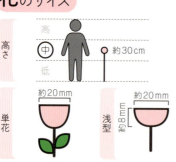

花の色

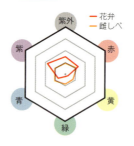

香りの好み

蜜量と糖度

蜜量	0.1μL 未満	★★★★★
糖度	約63％	★★★★★
養蜂での評価		★★★★★

花粉のサイズと数

1粒体積	約1万μm³	★★★★★
花粉数	約2.1万個	★★★★★
養蜂での評価		★★★★★

キツネノマゴ

キツネノマゴ科 キツネノマゴ属

- 区分　　野生（在来）
- 開花期　8～10月
- 年生　　1年草

花が少ない夏に咲く貴重な在来種

蜜は決して多くないが、ほかに花が少ない夏から秋に咲くので、ミツバチ、ハナバチ、ハナアブやチョウにとってはありがたい在来種の花。ツチバチが訪れているのをよく見かける。草刈りを繰り返すと枝が増え、花穂が多くなる。

キンケハラナガツチバチ

おもな訪花昆虫

ミツバチ類	★★★
マルハナバチ類	★★★
小型ハナバチ類	★★★
ハナアブ・ハエ類	★★★

夏　ピンク・赤・紫・青の花

花のサイズ

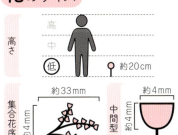

高さ：約20cm
集合花序：約33mm、約4mm
中間型：約4mm、約4mm

花の色

香りの好み

蜜量と糖度

蜜量	0.1μL 未満	★★★☆☆
糖度	約44%	★★☆☆☆
	養蜂での評価	★★★☆☆

花粉のサイズと数

1粒体積	約2.2万μm³	★★☆☆☆
花粉数	約6,100個	★★☆☆☆
	養蜂での評価	★★☆☆☆

93

クズ

マメ科 クズ属

- 区分　野生（在来）
- 開花期　7〜10月
- 年生　多年草

グリーンモンスターと呼ばれる強い繁殖力

草むらを覆いつくすほど広がるが、花は一部にしか咲かない。濃いめの蜜を少し出すが、花に潜り込む必要があり、ミツバチなどは訪花しづらいようだ。クマバチなど大型のハナバチが訪花する。海外に持ち出されて野生化し、猛威を振るう日本在来植物。

ウラギンシジミの幼虫

花に潜り込んでいる

バラハキリバチ

おもな訪花昆虫

ミツバチ類	★☆☆
マルハナバチ類	★★☆
小型ハナバチ類	★☆☆
ハナアブ・ハエ類	★☆☆

夏

ピンク・赤・紫・青の花

花のサイズ

高さ：中　約60cm

集合花序　約100mm　約50mm

深型　約17mm　約18mm

花の色

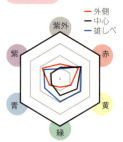

外側／中心／雄しべ
紫外・紫・青・緑・黄・赤

香りの好み

ミツバチ／ハナバチ／ハナアブ・ハエ

蜜量と糖度

蜜量	約0.4μL	★★☆☆☆
糖度	約52%	★★★★☆
養蜂での評価		★★☆☆☆

花粉のサイズと数

1粒体積	約1.4万μm³	★★☆☆☆
花粉数	約3.3万個	★★★☆☆
養蜂での評価		★★★★☆

94

クレオメ

フウチョウソウ科 セイヨウフウチョウソウ属

区分	園芸
開花期	6〜9月
年生	1年草

真夏に咲く蜜源・花粉源で天敵も増える

長い雄しべと雌しべが特徴的な南アメリカ原産の外来種。雄しべの先にある花粉をミツバチは器用に飛びながら集める。植物全体がネバネバしている。天敵温存植物で、コナジラミやアザミウマを捕食する小型カメムシが好み、増殖する。

おもな訪花昆虫

ミツバチ類	★★☆
マルハナバチ類	★★☆
小型ハナバチ類	★★☆
ハナアブ・ハエ類	★★☆

夏

ピンク・赤・紫・青の花

花のサイズ

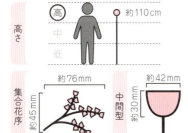

花の色

香りの好み

蜜量と糖度

蜜量	約0.1μL	★★★☆☆
糖度	約65%	★★★★★
養蜂での評価		★★★☆☆

花粉のサイズと数

1粒体積	約1.1万μm³	★★☆☆☆
花粉数	約29万個	★★★★☆
養蜂での評価		☆☆☆☆☆

ケイトウ

ヒユ科 ケイトウ属

- 区分　　園芸
- 開花期　7〜10月
- 年生　　1年草

本当の花はカラフルな部分の下にある

ふさふさしたウモウゲイトウやヤリゲイトウ、こぶのような形のトサカゲイトウやクルメケイトウなどがある。花に見えるカラフルな部分は花ではなく茎の先が変化したもの。その下に小さな花がある。花粉が多く、蜜源としてよりも、花粉源として評価されている。

おもな訪花昆虫

ミツバチ類	★★★
マルハナバチ類	★★★
小型ハナバチ類	★★★
ハナアブ・ハエ類	★★★

夏　ピンク・赤・紫・青の花

花のサイズ ※参考値

高さ：約60cm

集合花序：約109mm / 約116mm
深型：約18mm / 約32mm

花の色

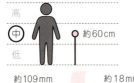

紫外・赤・黄・緑・青・紫

香りの好み

ミツバチ・ハナバチ・ハナアブハエ

蜜量と糖度

蜜量	採取できず	★★★★★
糖度	採取できず	★★★★★
養蜂での評価		★★★★★

花粉のサイズと数

花粉

1粒体積	約1.5万μm³	★★★★★
花粉数	約17万個（花序）	★★★★★
養蜂での評価		★★★★★

コヒルガオ

ヒルガオ科 ヒルガオ属

- 区分　野生（在来）
- 開花期　5〜9月
- 年生　多年草

訪花はあるが結実は少ない

よく見かけるピンク色の小さなアサガオのような花の多くが本種。ミツバチやハナバチが好む香りを出して、訪花もあるが、種子はほとんどつけずに、もっぱら地下茎で増える。花粉は大きい。花の奥の5つの穴から蜜を出す。

花粉

おもな訪花昆虫

ミツバチ類	★★☆
マルハナバチ類	★★☆
小型ハナバチ類	★☆☆
ハナアブ・ハエ類	★☆☆

夏

ピンク・赤・紫・青の花

花のサイズ

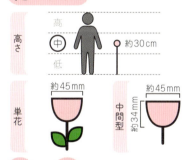

約45mm　約45mm
約30cm　約34mm

高さ：中
単花／中間型

花の色

外側／中心
紫外・赤・黄・緑・青・紫

香りの好み

ミツバチ／ハナバチ／ハナアブ・ハエ

蜜量と糖度

蜜量	約0.7μL	★★☆☆☆
糖度	約50%	★★★☆☆
養蜂での評価		☆☆☆☆☆

花粉のサイズと数

1粒体積	約23万μm^3	★★★★★
花粉数	約1.7万個	★★★☆☆
養蜂での評価		☆☆☆☆☆

ゴマ

ゴマ科 ゴマ属

- 区分　　作物
- 開花期　7〜9月
- 年生　　1年草

マルハナバチやミツバチが大好きな夏の花

白〜薄紫の花をつける。蜜は豊富で有力な蜜源植物。香りはミツバチにもハナバチにもハナアブ・ハエ類にも好まれるタイプ。マルハナバチが利用しやすい下向きのベル型の花。夏の暑い時期に咲くので花枯れの季節に多くの昆虫が訪れる。

トラマルハナバチ

おもな訪花昆虫

ミツバチ類	★★★
マルハナバチ類	★★★
小型ハナバチ類	★☆☆
ハナアブ・ハエ類	★☆☆

夏／ピンク・赤・紫・青の花

花のサイズ

約100cm

高さ：高・中・低

単花 約25mm
深型 約25mm／約42mm

花の色

紫花／白花
紫外・紫・青・緑・黄・赤

香りの好み

ミツバチ／ハナバチ／ハナアブハエ

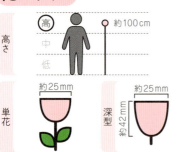

蜜量と糖度

蜜量	約0.8μL	★★☆☆☆
糖度	約35%	★★★☆☆
養蜂での評価		★★☆☆☆

花粉のサイズと数

1粒体積	約13万μm³	★★★★★
花粉数	約1.5万個	★★★★☆
養蜂での評価		★★★☆☆

コモンマロウ
（ウスベニアオイ）

アオイ科 ゼニアオイ属

- 区分　　園芸
- 開花期　5〜8月
- 年生　　多年草

**エディブルフラワーや
ハーブティにもなる**

庭や畑のすみによく植えられている。花粉はとても大きい。中大型のハナバチがよく訪れて花粉まみれになっている。蜜は花弁の根元の毛が生えたあたりに出る。真夏の貴重な蜜源・花粉源と考えられる。花は食用にもお茶にも利用できる。

トラマルハナバチ

おもな訪花昆虫

ミツバチ類	★★★
マルハナバチ類	★★★
小型ハナバチ類	★★★
ハナアブ・ハエ類	★★★

花のサイズ

高さ：高／中／低　約50cm

単花

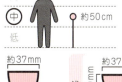
約37mm

浅型　約37mm　約10mm

花の色

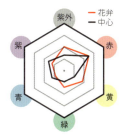

花弁／中心
紫外・紫・青・緑・黄・赤

香りの好み

ミツバチ／ハナバチ／ハナアブ・ハエ

夏

ピンク・赤・紫・青の花

蜜量と糖度

蜜量	約1μL	★★★☆☆
糖度	約31%	★★☆☆☆
養蜂での評価		★★★☆☆

花粉のサイズと数

1粒体積	約90万μm^3	★★★★★
花粉数	約8,200個	★★☆☆☆
養蜂での評価		★★★★★

99

ジャガイモ

ナス科 ナス属

- 区分　　作物
- 開花期　5〜6月
- 年生　　1年草

**虫に頼らず結実する
ナス属の花**

ナスの仲間で、ナス（P.104）の花とよく似ている。花の香りはミツバチやハナアブなどに好まれるタイプだが、蜜がないためか、ジャガイモ畑を眺めていても花を訪れる昆虫はほとんど見かけない。

おもな訪花昆虫

ミツバチ類	★★★
マルハナバチ類	★★★
小型ハナバチ類	★★★
ハナアブ・ハエ類	★☆☆

夏

ピンク・赤・紫・青の花

花のサイズ

高さ：中　約60cm

単花：約22mm

中間型：約22mm / 約15mm

花の色

紫外・赤・黄・緑・青・紫　No Data

香りの好み

ミツバチ／ハナバチ／ハナアブ・ハエ

蜜量と糖度

蜜量	採取できず	☆☆☆☆☆
糖度	採取できず	☆☆☆☆☆
養蜂での評価		☆☆☆☆☆

花粉のサイズと数

1粒体積	約8,200μm³	★☆☆☆☆
花粉数	約12万個	★★★★☆
養蜂での評価		★★☆☆☆

スカエボラ

クサトベラ科 クサトベラ属

セイヨウミツバチ

- 区分　園芸
- 開花期　4〜10月
- 年生　1年草

害虫を食べる天敵昆虫の温存にも有効な園芸植物

多くの園芸品種があり、天敵温存植物としても利用されている。花弁と雌しべの間の根元が光って見えるが蜜はとれず、訪花は花粉目当てだと考えられる。ミツバチ、ハナバチ、ハナアブ・ハエ類に好まれる香りだが、ハナバチが多い。

アカガネコハナバチ

アオスジハナバチ

おもな訪花昆虫

ミツバチ類	★★★
マルハナバチ類	★★★
小型ハナバチ類	★★★
ハナアブ・ハエ類	★★★

夏　ピンク・赤・紫・青の花

花のサイズ

約10cm

単花　約30mm

中間型　約30mm／約19mm

花の色

香りの好み

ミツバチ／ハナアブ・ハエ／ハナバチ

蜜量と糖度

蜜量	採取できず	★★★★★
糖度	採取できず	★★★★★
養蜂での評価		★★★★★

花粉のサイズと数

1粒体積	約3.9万μm³	★★★★★
花粉数	約5,600個	★★★★★
養蜂での評価		★★★★★

101

ツユクサ

ツユクサ科 ツユクサ属

- 区分　　野生（在来）
- 開花期　6〜10月
- 年生　　1年草

真っ青な花びらに雄しべの黄色がまぶしい

花の中心にある鮮やかな黄色の葯に花粉はなく、黄色が好きなハナアブを惹きつける。本物の花粉は下の色の淡い葯のほうにあり、こっそりハナアブに花粉をつける。香りもハナアブ好み。花粉はイボイボのナマコのような独特の形をしていて見分けやすい。

おもな訪花昆虫

ミツバチ類	★★☆
マルハナバチ類	★☆☆
小型ハナバチ類	★★☆
ハナアブ・ハエ類	★★☆

夏

ピンク・赤・紫・青の花

花のサイズ

高さ 約30cm

単花 約23mm
中間型 約23mm

花の色

花弁／雄しべ

香りの好み

ミツバチ／ハナバチ／ハナアブ・ハエ

蜜量と糖度

蜜量	採取できず	☆☆☆☆☆
糖度	採取できず	☆☆☆☆☆
養蜂での評価		☆☆☆☆☆

花粉のサイズと数

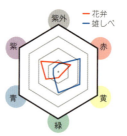

花粉

1粒体積	約7.3万μm³	★★★★☆
花粉数	約7,600個	★★☆☆☆
養蜂での評価		★★★★☆

ツルボ

キジカクシ科 ツルボ属

- 区分　野生（在来）
- 開花期　8〜9月
- 年生　多年草

真夏にいったん枯れて また花をつける

花の少ない夏の終わりに土手や畑の脇で咲いているのをよく見かける。糖度はけっこう高いが、蜜量が少ないためか、養蜂では評価されていない。おもに鱗茎で増える。蜜は雄しべを1〜2本外して採取するとよい。

おもな訪花昆虫

ミツバチ類	★☆☆
マルハナバチ類	★★☆
小型ハナバチ類	★★☆
ハナアブ・ハエ類	★☆☆

花のサイズ

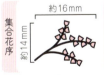

花の色

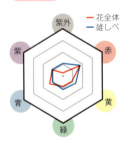

香りの好み

夏　ピンク・赤・紫・青の花

蜜量と糖度

蜜量	0.1μL 未満	★☆☆☆☆
糖度	約56%	★★★★☆
養蜂での評価		★★☆☆☆

花粉のサイズと数

1粒体積	約3万μm^3	★★★☆☆
花粉数	約1.6万個	★★★☆☆
養蜂での評価		★★★☆☆

ナス

ナス科 ナス属

- 区分　　作物
- 開花期　5〜10月
- 年生　　1年草

マルハナバチが受粉する蜜は出さない花

花が揺れると内側から花粉が出てくるようになっており、マルハナバチは胸の筋肉を細かく震わせて花粉を効率よく集めることができる。この行動が施設栽培でも利用されている。花の少ない夏の時期、ミツバチにとっても貴重な花粉源となっているようだ。

夏 / ピンク・赤・紫・青の花

クロマルハナバチ

おもな訪花昆虫

ミツバチ類	★★★
マルハナバチ類	★★★
小型ハナバチ類	★★★
ハナアブ・ハエ類	★★★

花のサイズ

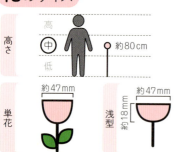

高さ 中　約80cm
単花 約47mm
浅型 約47mm / 約18mm

花の色

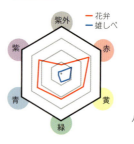

花弁／雄しべ
紫外・紫・青・緑・黄・赤

香りの好み

ミツバチ／ハナバチ／ハナアブ・ハエ

蜜量と糖度

蜜量	採取できず	★★★★★
糖度	採取できず	★★★★★
養蜂での評価		★★★★★

花粉のサイズと数

1粒体積	約9,900 μm³	★★★★★
花粉数	約62万個	★★★★★
養蜂での評価		★★★★★

ネジバナ

ラン科 ネジバナ属

- 区分　　野生（在来）
- 開花期　5〜9月
- 年生　　多年草

芝生などに生えるランの仲間

香りはミツバチ好みだが、さまざまな昆虫が訪れる。蜜は少なく採取できなかった。雌しべ付近に粘液があるが蜜とは別物のようだ。花粉は4つが合体している。よく似たハチジョウネジバナは同種とされていたが、近年になって別種に分類された。

花粉

おもな訪花昆虫

ミツバチ類	★	★★
マルハナバチ類	★★	★
小型ハナバチ類	★	★★
ハナアブ・ハエ類	★★	★

夏

ピンク・赤・紫・青の花

花のサイズ

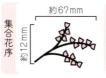
約20cm

集合花序 約67mm 約12mm

深型 約2mm 約5mm

花の色

香りの好み

蜜量と糖度

蜜量	採取できず	★★★★★
糖度	採取できず	★★★★★
養蜂での評価		★★★★★

花粉のサイズと数

1粒体積	約8,700μm³	★★★★★
花粉数	約2.7万個	★★★★★
養蜂での評価		★★★★★

105

ネムノキ

マメ科 ネムノキ属

頂生花

ドウガネブイブイ

花粉

- 区分　　園芸／野生（在来）
- 開花期　6〜7月
- 年生　　木本

花も花粉も特徴的な在来の高木

花弁はほとんど目立たず、長い雌しべと雄しべが飛び出してポンポンのようになっている。その中でも一つだけ長く飛び出た花（頂生花）があり、蜜はこの花から出る。花粉は16個が合体した初期発生卵のような独特な形をしている。

おもな訪花昆虫

ミツバチ類	★★☆
マルハナバチ類	★★☆
小型ハナバチ類	★★☆
ハナアブ・ハエ類	★☆☆

夏

ピンク・赤・紫・青の花

花のサイズ

5m以上
高さ：高／中／低

単花　約35mm

中間型　約35mm／約18mm

花の色

紫外・赤・黄・緑・青・紫
NoData

香りの好み

ミツバチ／ハナバチ／ハナアブ・ハエ

蜜量と糖度

蜜量	約6μL	★★★★☆
糖度	約30%	★★☆☆☆
養蜂での評価		★★★☆☆

花粉のサイズと数

1粒体積	約1.4万μm³	★★☆☆☆
花粉数	約1,800個	★★☆☆☆
養蜂での評価		★★★☆☆

ノアザミ

キク科 アザミ属

- 区分　野生（在来）
- 開花期　5～8月
- 年生　多年草

多くの昆虫が利用する優良蜜源

糖度は高くないものの多量の蜜を出し、チョウやミツバチなど多くの虫が訪花する。花粉も多く、養蜂でも重要な蜜源・花粉源。蜜をとるには、細長い小さな花それぞれを根元から上に向かって指でしごくようにする。ときどき白花も見かける。

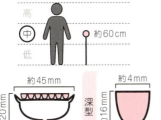

イチモンジセセリ

ヒゲナガハナバチの一種

コハナバチの一種

おもな訪花昆虫

ミツバチ類	★★★
マルハナバチ類	★★★
小型ハナバチ類	★★☆
ハナアブ・ハエ類	★★☆

花のサイズ

高さ：中　約60cm

頭状花序　約45mm／約20mm
深型　約4mm／約16mm

花の色

紫外・赤・黄・緑・青・紫

香りの好み

ミツバチ／ハナバチ／ハナアブ・ハエ

夏　ピンク・赤・紫・青の花

蜜量と糖度

蜜量	約42μL（花序）	★★★★★
糖度	約28％	★★☆☆☆
養蜂での評価		★★★★☆

花粉のサイズと数

1粒体積	約3.1万μm³	★★★☆☆
花粉数	約260万個（花序）	★★★★★
養蜂での評価		★★★★☆

ハコネウツギ

スイカズラ科 タニウツギ属

- 区分　　園芸／野生(在来)
- 開花期　5〜6月
- 年生　　木本

蜜の量に合わせて花色を変化させる

花の色が白からピンク、そして紅色に変化する。蜜の量が減少するのに合わせて花色も大きく変化するため、昆虫は花の色を見て蜜の有無を知ることができる。香りはハナバチに好まれる。キムネクマバチが花の根元に穴をあけて蜜を吸う盗蜜が見られる。

トラマルハナバチ

おもな訪花昆虫

ミツバチ類	★★☆
マルハナバチ類	★★★
小型ハナバチ類	★★☆
ハナアブ・ハエ類	★☆☆

夏

ピンク・赤・紫・青の花

花のサイズ

約80cm

単花　約40mm

中間型　約40mm / 約30mm

花の色
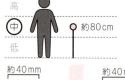
赤花 / 白花

香りの好み

ミツバチ / ハナアブハエ / ハナバチ

蜜量と糖度

蜜量	約2μL	★★★☆☆
糖度	約38%	★★★☆☆
養蜂での評価		★★☆☆☆

花粉のサイズと数

1粒体積	約5.9万μm³	★★★★☆
花粉数	約4万個	★★★★☆
養蜂での評価		★☆☆☆☆

ハナイバナ

ムラサキ科 ハナイバナ属

- 区分　野生（在来）
- 開花期　3〜11月
- 年生　1年草

キュウリグサに似た小さな可憐な花

道端などで普通に見られる。キュウリグサ（P.24）とよく似た花だが、キュウリグサの花の中心が黄色なのに対し、ハナイバナは白色。蜜はあるように見えるが少なすぎて採取できず。ハナバチの好むような香りで小さなハナバチやハナアブが訪れる。開花期は長い。葉と葉の間に花をつけるので「葉内花」。

おもな訪花昆虫

ミツバチ類	★☆☆
マルハナバチ類	★☆☆
小型ハナバチ類	★☆☆
ハナアブ・ハエ類	★☆☆

花のサイズ

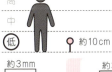

花の色

香りの好み

夏

ピンク・赤・紫・青の花

蜜量と糖度

蜜量	採取できず	★★★★★
糖度	採取できず	★★★★★
	養蜂での評価	★★★★★

花粉のサイズと数

1粒体積	約1,000μ㎥以下	★★★★★
花粉数	約1.4万個	★★★★★
	養蜂での評価	★★★★★

ヒャクニチソウ

キク科 ヒャクニチソウ属

- 区分　　園芸
- 開花期　5〜11月
- 年生　　1年草

百日草というだけあって開花期間が長い

ジニアという名前でも流通する種類豊富な園芸品種。糖度は高くないが蜜量が多く、花粉も多い。育てやすく真夏も咲くので、花のリレー（P.14）の一つに入れておくとよさそう。ミツバチやハナアブ・ハエ類の好む香り。だがミツバチはあまりこない。

オオスカシバ

キンケハラナガツチバチ

ハキリバチの一種

おもな訪花昆虫

ミツバチ類	★★★
マルハナバチ類	★★★
小型ハナバチ類	★★★
ハナアブ・ハエ類	★★★

夏　ピンク・赤・紫・青の花

花のサイズ　※参考値

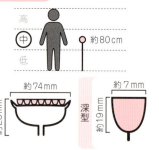

約80cm

頭状花序　約74mm　約28mm
深型　約7mm　約19mm

花の色

花弁／雄しべ

紫外・紫・青・緑・黄・赤

香りの好み

ミツバチ／ハナバチ／ハナアブハエ

蜜量と糖度

蜜量	約48μL（花序）	★★★★★
糖度	約25%	★★★★★
	養蜂での評価	★★★★★

花粉のサイズと数

1粒体積	約1.2万μm³	★★★★★
花粉数	約228万個（花序）	★★★★★
	養蜂での評価	★★★★★

ヘアリーベッチ
(ナヨクサフジ)

マメ科 ソラマメ属

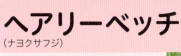

ヒゲナガハナバチの一種

- 区分　　園芸／野生(外来)
- 開花期　5〜7月
- 年生　　1年草

緑肥植物として利用されるが繁殖力に注意

窒素を地下にため込むので緑肥植物として利用されており、同時にハチたちの蜜源・花粉源にもなっている。土質を選ばずよく繁茂し、ほかの植物や雑草を抑える効果もあるが、畑から逸出して野生化しているものもよく見かける。

ヒゲナガハナバチの一種

クロマルハナバチ♂

おもな訪花昆虫

ミツバチ類	★★☆
マルハナバチ類	★★★
小型ハナバチ類	★★★
ハナアブ・ハエ類	★☆☆

夏　ピンク・赤・紫・青の花

花のサイズ

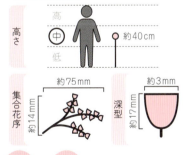

高さ　中　約40cm

集合花序 約75mm　約14mm
深型 約3mm　約17mm

花の色

紫外／赤／黄／緑／青／紫

香りの好み

ミツバチ／ハナバチ／ハナアブハエ
NoData

蜜量と糖度

蜜量	約0.9μL	★★☆☆☆
糖度	約47%	★★★☆☆
養蜂での評価		★★★★★

花粉のサイズと数

1粒体積	約1.6万μm³	★★☆☆☆
花粉数	約1.1万個	★★★☆☆
養蜂での評価		★★★★★

111

ポーチュラカ
（ハナスベリヒユ）

スベリヒユ科 スベリヒユ属

- 区分　　園芸
- 開花期　5〜9月
- 年生　　1年草

花期は長いが一つの花の寿命は短い

春から秋まで色とりどりの花が咲く開花期の長い花だが、それぞれの花は、朝遅めに咲いて午後にはしぼんでしまう1日花。低糖度の蜜があり、蜜源植物として評価される。花粉は大きく数も多く、よい花粉源となる。

夏　｜　ピンク・赤・紫・青の花

おもな訪花昆虫

ミツバチ類	★★★
マルハナバチ類	★★★
小型ハナバチ類	★☆☆
ハナアブ・ハエ類	★☆☆

花のサイズ

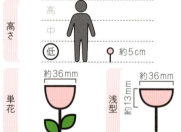

花の色

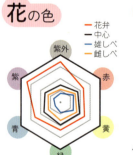

香りの好み

蜜量と糖度

蜜量	約0.2μL	★★☆☆☆
糖度	約25%	★★☆☆☆
養蜂での評価		★★★☆☆

花粉のサイズと数

1粒体積	約35万μm³	★★★★★
花粉数	約1.5万個	★★★★☆
養蜂での評価		★★★★★

ボリジ

ムラサキ科 ルリジサ属

- 区分　　園芸
- 開花期　4〜7月
- 年生　　1年草

下向きに咲く有望蜜源の青い星

青い星形の花を咲かせるハーブ。白花品種もある。高糖度の蜜が多く出て、ミツバチもよく訪れる。エディブルフラワーとして食用にもされる。こぼれダネでよく増えるが、直根のため植え替えは苦手。イチゴのアブラムシ対策用の天敵を温存する植物としても利用される。

おもな訪花昆虫

ミツバチ類	★★☆
マルハナバチ類	★★☆
小型ハナバチ類	★★☆
ハナアブ・ハエ類	★★☆

夏　ピンク・赤・紫・青の花

花のサイズ

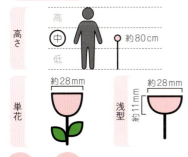

花の色

香りの好み

蜜量と糖度

蜜量	約6μL	★★★★☆
糖度	約67 %	★★★★★
養蜂での評価		★★★☆☆

花粉のサイズと数

1粒体積	約2万μm³	★★☆☆☆
花粉数	約4.8万個	★★★☆☆
養蜂での評価		★☆☆☆☆

113

マツバボタン

スベリヒユ科 スベリヒユ属

- 区分　　園芸
- 開花期　7〜9月
- 年生　　1年草

真ん丸な大きな花粉の夏の花粉源

開花期間が長く、暑さに強く花数も多い。挿し芽で増やせる。養蜂で蜜源として評価されているが、調査では蜜を採取できなかった。花粉は大きい。雑草のスベリヒユの仲間で、スベリヒユもミツバチやハナバチが訪花する。

おもな訪花昆虫

ミツバチ類	★ ☆ ☆
マルハナバチ類	★ ☆ ☆
小型ハナバチ類	★ ☆ ☆
ハナアブ・ハエ類	★ ★ ☆

夏

ピンク・赤・紫・青の花

花のサイズ

高さ：低　約10cm
約33mm 単花
約33mm / 約12mm 浅型

花の色

赤花／ピンク／黄花
(紫外・紫・赤・黄・緑・青)

香りの好み

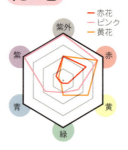

蜜量と糖度

蜜量	採取できず	☆☆☆☆☆
糖度	採取できず	☆☆☆☆☆
養蜂での評価		★★★☆☆

花粉のサイズと数

1粒体積	約32万μm³	★★★★★
花粉数	約3,400個	★★☆☆☆
養蜂での評価		★★★★☆

ムラサキツメクサ
（アカツメクサ、レッドクローバー）

マメ科 シャジクソウ属

- 区分　園芸／野生（外来）
- 開花期　4～10月
- 年生　多年草

牧草として輸入され野生化した緑肥景観植物

シロツメクサよりも大きく、蜜が花の奥のほうにあるため、小さな虫にとっては少々蜜に届きにくい。口吻の長いマルハナバチやヒゲナガハナバチ、チョウなどが多く訪れる。蜜を採取するには花弁をピンセットでつまみながらキャピラリーを挿入する（花蜜採取 P.208）。

マメコガネ

トラマルハナバチ

おもな訪花昆虫

ミツバチ類	★★☆
マルハナバチ類	★★★
小型ハナバチ類	★★☆
ハナアブ・ハエ類	★☆☆

花のサイズ

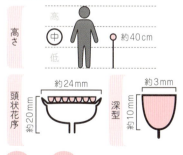

高さ：約40cm（中）
頭状花序：約24mm／約20mm
深型：約3mm／約10mm

花の色

紫外・赤・黄・緑・青・紫

香りの好み

ミツバチ／ハナバチ／ハナアブ・ハエ

夏

ピンク・赤・紫・青の花

蜜量と糖度

蜜量	約7μL（花序）	★★★★☆
糖度	約42 %	★★★☆☆
	養蜂での評価	★★★☆☆

花粉のサイズと数

1粒体積	約5.4万μm³	★★★★☆
花粉数	約9.6万個（花序）	★★★☆☆
	養蜂での評価	★★★★☆

ヤグルマギク

キク科 ヤグルマギク属

- 区分　　園芸
- 開花期　4〜7月
- 年生　　1年草

青色がひときわ目立つ外来種

こぼれダネでよく増える帰化植物。コーンフラワーと呼ばれ、麦畑に侵入すると収量に影響する雑草となる。道端や空き地でもよく見られる。花粉が多く花粉源にもなっている。ハナバチが好む香りを出す。

シロスジヒゲナガハナバチ

おもな訪花昆虫

ミツバチ類	★★☆
マルハナバチ類	★★★
小型ハナバチ類	★★★
ハナアブ・ハエ類	★☆☆

夏

ピンク・赤・紫・青の花

花のサイズ

約50cm

頭状花序 約37mm 約12mm
深型 約10mm 約14mm

花の色

紫外・赤・黄・緑・青・紫
NoData

香りの好み

ミツバチ / ハナバチ / ハナアブ・ハエ

蜜量と糖度

蜜量	約0.8μL（花序）	★★☆☆☆
糖度	約37％	★★★☆☆
養蜂での評価		★★☆☆☆

花粉のサイズと数

1粒体積	約1.6万μm³	★★☆☆☆
花粉数	約44万個（花序）	★★★★☆
養蜂での評価		★★★★☆

ユウゲショウ
（アカバナユウゲショウ）

アカバナ科 マツヨイグサ属

- 区分　　野生（外来）
- 開花期　5〜9月
- 年生　　多年草

大きな花粉を粘着糸で数珠つなぎ

名前のとおり赤花が普通だが白花もある。白花の黄色と緑が弱まることで赤く見える。ミツバチやハナアブ・ハエ類が好む香りのようだが、訪花昆虫は多くない。大きな花粉が粘着糸でつながっていて訪れた昆虫に絡まりやすい。

おもな訪花昆虫

ミツバチ類	★★☆
マルハナバチ類	★☆☆
小型ハナバチ類	★☆☆
ハナアブ・ハエ類	★☆☆

花のサイズ

高さ：低　約20cm
単花：約18mm
浅型：約18mm／約7mm

花の色

赤花／白花

香りの好み

（ミツバチ／ハナバチ／ハナアブ・ハエ）

夏　ピンク・赤・紫・青の花

蜜量と糖度

蜜量	約0.5μL	★★☆☆☆
糖度	約38%	★★★☆☆
養蜂での評価		☆☆☆☆☆

花粉のサイズと数

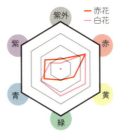

1粒体積	約7.7万μm³	★★★★☆
花粉数	約8,900個	★★☆☆☆
養蜂での評価		☆☆☆☆☆

ヨウシュヤマゴボウ

ヤマゴボウ科 ヤマゴボウ属

- 区分　　野生（外来）
- 開花期　6〜9月
- 年生　　多年草

染料にもなる濃い紫の果実は有毒

チラチラと白くてかわいらしい花が房状に咲く。濃い蜜が少量出ており、小型のハナバチやハナアブ・ハエ類が訪れる。果実は濃い紫で果汁が衣服につくと落ちないので注意。有毒。染料に使われ赤やピンクに染まる。

おもな訪花昆虫

ミツバチ類	★★☆
マルハナバチ類	★☆☆
小型ハナバチ類	★★☆
ハナアブ・ハエ類	★★☆

夏　ピンク・赤・紫・青の花

花のサイズ

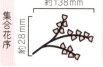

高さ　約130cm

集合花序　約138mm　約28mm

中間型　約6mm　約3mm

花の色

紫外・赤・黄・緑・青・紫

香りの好み

ミツバチ／ハナバチ／ハナアブ・ハエ

蜜量と糖度

蜜量	0.1μL 未満	★☆☆☆☆
糖度	約71%	★★★★★
養蜂での評価		★☆☆☆☆

花粉のサイズと数

1粒体積	約1.2万μm³	★★☆☆☆
花粉数	約1万個	★★★☆☆
養蜂での評価		★☆☆☆☆

ワレモコウ

バラ科 ワレモコウ属

- 区分　　野生（在来）
- 開花期　8〜9月
- 年生　　多年草

「我も恋う」と詠まれた日本古来の草地植物

日当たりのよい草地など、人が定期的に草刈りするような場所に生える。赤紫色の渋い花にはハナアブ・ハエ類がおもに訪花する。上から順に咲いていく。花の基部に光る蜜らしきものが見えるが、採取できない。薬草。

おもな訪花昆虫

ミツバチ類	★☆☆
マルハナバチ類	★★☆
小型ハナバチ類	★☆☆
ハナアブ・ハエ類	★★★

夏　ピンク・赤・紫・青の花

花のサイズ

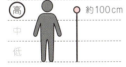

花の色

香りの好み

蜜量と糖度

蜜量	採取できず	☆☆☆☆☆
糖度	採取できず	☆☆☆☆☆
養蜂での評価		☆☆☆☆☆

花粉のサイズと数

1粒体積	約 3,900 μm³	★☆☆☆☆
花粉数	約 74 万個（花序）	★★★★☆
養蜂での評価		☆☆☆☆☆

イヌガラシ

アブラナ科 イヌガラシ属

- 区分　野生（在来）
- 開花期　4〜10月
- 年生　多年草

からしのような辛味だが、本家に及ばない

濃い蜜を少量出して、小型のハナアブ類が訪花する。辛味があり、葉やつぼみを食用にできる。本物のからしには及ばないことから役に立たない意を示すイヌがついて「イヌ」ガラシ。スカシタゴボウ（P.134）とよく似ている。

夏

黄色・オレンジ色の花

花のサイズ

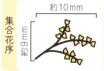
約20cm / 約10mm / 約3mm / 集合花序 / 中間型

花の色

おもな訪花昆虫

ミツバチ類	★☆☆	
マルハナバチ類	★☆☆	
小型ハナバチ類	★☆☆	
ハナアブ・ハエ類	★★★	

香りの好み

蜜量と糖度

蜜量	0.1μL 未満	★☆☆☆☆
糖度	約71%	★★★★★
養蜂での評価		☆☆☆☆☆

花粉のサイズと数

1粒体積	約9,200μm³	★☆☆☆☆
花粉数	約7,900個	★★☆☆☆
養蜂での評価		☆☆☆☆☆

オクラ

アオイ科 トロロアオイ属

- 区分　　作物
- 開花期　7〜9月
- 年生　　1年草

巨大な花粉を少量だけつくる

花弁とガクの間に蜜がある。蜜の味は少し苦く、おいしくはない。葉や茎に真珠体と呼ばれる小さく透明な粒ができるが、アザミウマ類の天敵であるヒメハナカメムシがこれを好んで集まり、天敵温存植物としても使われる。

おもな訪花昆虫

ミツバチ類	★★★
マルハナバチ類	★★☆
小型ハナバチ類	★☆☆
ハナアブ・ハエ類	★☆☆

夏　黄色・オレンジ色の花

花のサイズ

高さ：高　約100cm

単花　約77mm

中間型　約77mm / 約75mm

花の色

花弁／中心／雄しべ
（紫外・紫・青・緑・黄・赤）

香りの好み

ミツバチ／ハナバチ／ハナアブ・ハエ

蜜量と糖度

蜜量	約3μL	★★★☆☆
糖度	約36%	★★★☆☆
養蜂での評価		★☆☆☆☆

花粉のサイズと数

1粒体積	約260万μm³	★★★★★
花粉数	約500個	★☆☆☆☆
養蜂での評価		★★★★★

オッタチカタバミ

カタバミ科 カタバミ属

ヤマトシジミ

ヒラタアブの一種
ダイミョウキマダラハナバチ
蜜

- 区分　野生（外来）
- 開花期　4～10月
- 年生　多年草

種子は自ら飛び散り、アリによって運ばれる

戦後侵入した外来種だが、在来種のカタバミよりも本種をよく見かける。ハナアブ類や小型のハナバチが訪花する。花弁の根元に球状になった蜜がある。種子はさやから自らはじけ飛び、さらに種子にはエライオソームという栄養価の高い突起があり、アリによって遠くに運ばれる。

おもな訪花昆虫

ミツバチ類	★☆☆
マルハナバチ類	★★☆
小型ハナバチ類	★★☆
ハナアブ・ハエ類	★★☆

夏　黄色・オレンジ色の花

花のサイズ

高さ　高／中／低　約8cm
単花　約13mm
浅型　約13mm　約4mm

花の色

紫外／赤／黄／緑／青／紫

香りの好み

ミツバチ／ハナバチ／ハナアブハエ

蜜量と糖度

蜜量	0.1μL 未満	★☆☆☆☆
糖度	約59%	★★★★☆
養蜂での評価		☆☆☆☆☆

花粉のサイズと数

1粒体積	約1.3万μm^3	★★☆☆☆
花粉数	約1,700個	★★☆☆☆
養蜂での評価		☆☆☆☆☆

オニタビラコ

キク科 オニタビラコ属

- 区分　　野生（在来）
- 開花期　5〜11月
- 年生　　1年草

コハナバチやハナアブが集まるキク科在来種

ときどき群生を見かける。花粉数がとても多く、小型のハナバチやハナアブ類がよく訪花する。蜜は採取できず。最近アカオニタビラコとアオオニタビラコに区別されるようになったが、本書では区別せずオニタビラコとして記載。

おもな訪花昆虫

ミツバチ類	★☆☆
マルハナバチ類	★☆☆
小型ハナバチ類	★★☆
ハナアブ・ハエ類	★★☆

夏／黄色・オレンジ色の花

花のサイズ

高さ：中　約30cm

頭状花序 約9mm／約6mm
中間型 約5mm／約6mm

花の色

香りの好み

蜜量と糖度

蜜量	採取できず	★☆☆☆☆
糖度	採取できず	★☆☆☆☆
養蜂での評価		★☆☆☆☆

花粉のサイズと数

1粒体積	約9,600μm³	★☆☆☆☆
花粉数	約42万個（花序）	★★★★☆
養蜂での評価		★★★★☆

オニノゲシ

キク科 ノゲシ属

- 区分　野生（外来）
- 開花期　4〜10月
- 年生　1年草

**触ると痛いのは
オニノゲシ**

葉はトゲがあり触ると痛い。チクチクするので嫌われるが柔らかい若芽と茎は食べられる。蜜はあるが少量で採取できず。小型のハナバチや、ハナアブが訪花する。日本在来のノゲシと雑種ができることもある。

夏

黄色・オレンジ色の花

おもな訪花昆虫

ミツバチ類	★★☆
マルハナバチ類	★★☆
小型ハナバチ類	★★☆
ハナアブ・ハエ類	★☆☆

花のサイズ

花の色

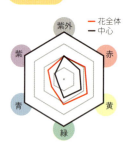

香りの好み

蜜量と糖度

蜜量	採取できず	★☆☆☆☆
糖度	採取できず	★☆☆☆☆
養蜂での評価		★★☆☆☆

花粉のサイズと数

1粒体積	約1.5万μm³	★★☆☆☆
花粉数	約7万個（花序）	★★★☆☆
養蜂での評価		★☆☆☆☆

カタバミ

カタバミ科 カタバミ属

コハナバチの一種
ナミハナアブ
カの一種

- 区分　野生（在来）
- 開花期　5〜9月
- 年生　多年草

ハート型の葉で10円玉を磨いてみよう

オッタチカタバミよりも背が低い。濃い蜜を少し出す。小型ハナバチやハナアブ類が訪れる。属名の *Oxalis* はギリシャ語で「酸っぱい」を意味する。シュウ酸が含まれる葉の酸味を指しているのだろう。10円玉を磨けばシュウ酸でピカピカになる。

おもな訪花昆虫

ミツバチ類	★★★
マルハナバチ類	★★★
小型ハナバチ類	★★★
ハナアブ・ハエ類	★★★

花のサイズ

高さ：低　約5cm
単花：約13mm
浅型：約13mm／約4mm

花の色

紫外・赤・黄・緑・青・紫（花弁／中心）

香りの好み

ミツバチ／ハナバチ／ハナアブ・ハエ

夏　黄色・オレンジ色の花

蜜量と糖度

蜜量	0.1μL 未満	★★★★★
糖度	約68%	★★★★★
養蜂での評価		★★★★★

花粉のサイズと数

1粒体積	約1.5万μm³	★★★★★
花粉数	約1,300個	★★★★★
養蜂での評価		★★★★★

カボチャ

ウリ科 カボチャ属

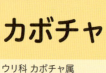
ニホンミツバチ

トラマルハナバチ
雌花
雌花
雄花
上2匹：セイヨウミツバチ
下：コアオハナムグリ
蜜

- 区分　　作物
- 開花期　5〜10月
- 年生　　1年草

蜜も花粉もたっぷりの1日花

花は早朝からお昼頃まで咲いてしぼむ1日花。蜜は非常に量が多く、ほっこりした優しい甘さ。雄花では雄しべの根元の穴の奥に蜜がある。花粉はとても大きい。ミツバチ、マルハナバチがおもに花粉を運ぶ。ニホンミツバチもよく訪花する。

おもな訪花昆虫

ミツバチ類	★★★
マルハナバチ類	★★★
小型ハナバチ類	★★☆
ハナアブ・ハエ類	★★☆

夏／黄色・オレンジ色の花

花のサイズ

高 / 中 / 低　約25cm

単花　約130mm
中間型　約130mm／約100mm

花の色

花弁／中心／雄しべ／雌しべ
紫外／紫／青／緑／黄／赤

香りの好み

ミツバチ／ハナバチ／ハナアブ・ハエ

蜜量と糖度（雌花）

蜜量	約114μL	★★★★★
糖度	約44%	★★★☆☆
養蜂での評価		★★★★☆

花粉のサイズと数

1粒体積	約160万μm^3	★★★★★
花粉数	約1.5万個	★★★☆☆
養蜂での評価		★★★★☆

キバナコスモス

キク科 コスモス属

- 区分　　園芸
- 開花期　6〜10月
- 年生　　1年草

メキシコ原産で、開花期の長い黄色いコスモス

コスモス（P.189）とは別種だがコスモスと同様に蜜もあり、花粉も多い。夏から秋に多様な昆虫が訪れる。園芸品種だがしばしば野生化している。蜜を採取するには、中心の筒状花を下からしごいて出す。

キアゲハ

ホソヒラタアブ

おもな訪花昆虫

ミツバチ類	★★☆
マルハナバチ類	★★☆
小型ハナバチ類	★★☆
ハナアブ・ハエ類	★★☆

夏

黄色・オレンジ色の花

花のサイズ

約30cm

頭状花序 約51mm 約21mm
深型 約2mm 約9mm

花の色

NoData

紫外／赤／黄／緑／青／紫

香りの好み

ミツバチ／ハナバチ／ハナアブ・ハエ

蜜量と糖度

蜜量	約2μL（花序）	★★★☆☆
糖度	約54%	★★★★☆
養蜂での評価		★★★☆☆

花粉のサイズと数

1粒体積	約8,700μm³	★☆☆☆☆
花粉数	約26万個（花序）	★★★★☆
養蜂での評価		★★★★☆

127

キュウリ

ウリ科 キュウリ属

- 区分　　作物
- 開花期　6～8月
- 年生　　1年草

花蜜もキュウリのような味

雄花と雌花があるが、日本では受粉しなくても果実が肥大する単為結果性の品種がほとんどで、花粉を運ぶ昆虫は不要。とはいえ、蜜も花粉もあるので、ミツバチやマルハナバチなどが訪花する。

夏 / 黄色・オレンジ色の花

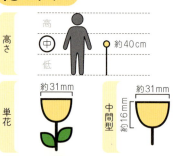

雄花 / 花粉

おもな訪花昆虫

ミツバチ類	★★★
マルハナバチ類	★★★
小型ハナバチ類	★★☆
ハナアブ・ハエ類	★☆☆

花のサイズ

高さ：中　約40cm
単花：約31mm
中間型：約31mm／約16mm

花の色

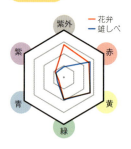

花弁／雄しべ
紫外・赤・黄・緑・青・紫

香りの好み

ミツバチ／ハナバチ／ハナアブ・ハエ

蜜量と糖度（雌花）

蜜量	約5μL	★★★☆☆
糖度	約39%	★★★☆☆
養蜂での評価		★★★☆☆

花粉のサイズと数

1粒体積	約8.9万μm³	★★★★☆
花粉数	約1.4万個	★★★☆☆
養蜂での評価		★★★★☆

クリ

ブナ科 クリ属

セイヨウミツバチ　コアオハナムグリ

- 区分　作物／野生（在来）
- 開花期　5〜6月
- 年生　木本

独特の匂いがただよう
クリの花は訪花昆虫の宝庫

開花期には独特の花の香りで遠くからでもすぐわかる。ハナバチが好む香りを出すが、ミツバチをはじめ、コウチュウやチョウなど多種多様な昆虫が集まる。天敵昆虫のヒメハナカメムシもよく訪花する。クリのハチミツは独特の味と香りがあり好みが分かれる。

雄花　雌花

おもな訪花昆虫

ミツバチ類	★★☆
マルハナバチ類	★★☆
小型ハナバチ類	★★☆
ハナアブ・ハエ類	★★☆

夏　黄色・オレンジ色の花

花のサイズ
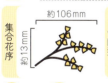
高さ：3m以上（高）
集合花序：約106mm／約13mm

中間型　約1mm／約1mm

花の色

香りの好み

ミツバチ／ハナバチ／ハナアブ・ハエ

蜜量と糖度

蜜量	約62μL（花序）	★★★★★
糖度	約44％	★★★☆☆
養蜂での評価		★★★★★

花粉のサイズと数

1粒体積	約1,200μm³	★☆☆☆☆
花粉数	約11万個（花序）	★★★★☆
養蜂での評価		★★★★★

129

コウゾリナ

キク科 コウゾリナ属

- 区分　　野生（在来）
- 開花期　4～10月
- 年生　　1年草

タンポポ似だが、蜜の量と糖度は劣る

コウゾリ＝「かみそり」の名前のとおり茎に剛毛が生えるのでほかのタンポポ類と区別は容易。花の色も香りもタンポポ（P.59）によく似ている。蜜はタンポポより糖度が低いためか、訪花昆虫は少ない。

おもな訪花昆虫

ミツバチ類	★★☆
マルハナバチ類	★☆☆
小型ハナバチ類	★★☆
ハナアブ・ハエ類	★☆☆

夏／黄色・オレンジ色の花

花のサイズ

高さ：約90cm

頭状花序：約13mm／約12mm
深型：約5mm／約10mm

花の色

香りの好み

蜜量と糖度

蜜量	約0.9μL（花序）	★★☆☆☆
糖度	約18％	★☆☆☆☆
養蜂での評価		☆☆☆☆☆

花粉のサイズと数

1粒体積	約1.3万μm³	★★☆☆☆
花粉数	約9.8万個（花序）	★★★☆☆
養蜂での評価		☆☆☆☆☆

コセンダングサ

キク科 センダングサ属

オオハナアブ

- 区分　野生（外来）
- 開花期　6〜11月
- 年生　1年草

撹乱地に生えて種子がくっつく厄介な奴

種子が服にくっつくので嫌われるが、蜜の糖度は高く量も多い。さまざまな虫が好む香り。花弁はなく筒状花のみ。徳之島などでは同種内変種のタチアワユキセンダングサのハチミツが売られている。よく似た外来種にコシロノセンダングサ、アメリカセンダングサがある。

おもな訪花昆虫

ミツバチ類	★★★
マルハナバチ類	★★☆
小型ハナバチ類	★★☆
ハナアブ・ハエ類	★★☆

夏

黄色・オレンジ色の花

花のサイズ

花の色
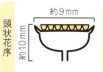

香りの好み

蜜量と糖度

蜜量	約5μL（花序）	★★★☆☆
糖度	約55%	★★★★☆
	養蜂での評価	★★★★☆

花粉のサイズと数

1粒体積	約9,700μm³	★☆☆☆☆
花粉数	約7.7万個（花序）	★★★☆☆
	養蜂での評価	★★★★★

131

コモチマンネングサ

ベンケイソウ科 マンネングサ属

- 区分　野生（在来）
- 開花期　5〜6月
- 年生　多年草

ムカゴで増える多肉植物

ごく普通に見られる在来種だが、花は黄色の星形で近縁の園芸品種と同じく美しい。ハナアブや小型のハナバチが利用する。マンネングサ類はグランドカバーとしても利用される。花粉は多いが種子はほとんどつくらない。小さな芽のようなムカゴをつくって増える。

小型ハナバチの一種

おもな訪花昆虫

ミツバチ類	★★★
マルハナバチ類	★★★
小型ハナバチ類	★★★
ハナアブ・ハエ類	★☆☆

夏　黄色・オレンジ色の花

花のサイズ

約5cm

単花　約9mm
浅型　約9mm／約4mm

花の色

香りの好み

蜜量と糖度

蜜量	採取できず	★☆☆☆☆
糖度	採取できず	★☆☆☆☆
養蜂での評価		★☆☆☆☆

花粉のサイズと数

1粒体積	約3,100 μm^3	★☆☆☆☆
花粉数	約2.2万個	★★★☆☆
養蜂での評価		★☆☆☆☆

スイカ

ウリ科 スイカ属

- 区分　　作物
- 開花期　6〜7月
- 年生　　1年草

早朝に開花する1日花

花は早朝、日の出とともに開花して1日でしぼむ。香りはハナアブ・ハエ類好みだが、野外ではおもにミツバチやマルハナバチ、小型ハナバチ、たまにハエやハナアブがやってきて、蜜や花粉を集めている。ハウス栽培のスイカではミツバチとマルハナバチが受粉のために用いられる。

おもな訪花昆虫

ミツバチ類	★★☆
マルハナバチ類	★★☆
小型ハナバチ類	★☆☆
ハナアブ・ハエ類	★☆☆

夏　黄色・オレンジ色の花

花のサイズ

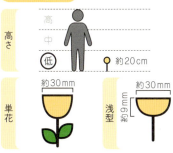

約20cm／単花 約30mm／浅型 約30mm・約9mm

花の色

花弁／中心／雄しべ
紫外・紫・青・緑・黄・赤

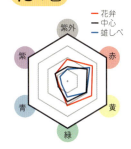

香りの好み

ミツバチ／ハナアブ・ハエ／ハナバチ

蜜量と糖度（雌花）

蜜量	約15μL	★★★★☆
糖度	約25％	★★☆☆☆
養蜂での評価		★★☆☆☆

花粉のサイズと数

1粒体積	約11万μm^3	★★★★☆
花粉数	約5.2万個	★★★☆☆
養蜂での評価		★★★★☆

スカシタゴボウ

アブラナ科 イヌガラシ属

- 区分　　野生（在来）
- 開花期　4〜10月
- 年生　　1年草

イヌガラシより少し小さなスカしたゴボウ？

スカしたゴボウではなく透かし田牛蒡（タゴボウ）。蜜はあるが少量で採取できず。花粉は小さく数も少ない。ほぼ100%自家受粉する。多年生のイヌガラシ（P.120）に似るが、本種は1年草。イヌガラシよりも寸詰まりな短い実をつける。訪花昆虫はイヌガラシよりも少ない。

おもな訪花昆虫

ミツバチ類	★☆☆
マルハナバチ類	★☆☆
小型ハナバチ類	★☆☆
ハナアブ・ハエ類	★★☆

夏 / 黄色・オレンジ色の花

花のサイズ

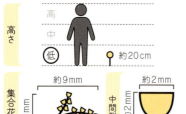

高さ：低　約20cm
集合花序：約9mm／約8mm
中間型：約2mm／約2mm

花の色

香りの好み

蜜量と糖度

蜜量	採取できず	★☆☆☆☆
糖度	採取できず	★☆☆☆☆
養蜂での評価		★☆☆☆☆

花粉のサイズと数

1粒体積	約6,800μm³	★☆☆☆☆
花粉数	約2,000個	★★☆☆☆
養蜂での評価		★☆☆☆☆

トマト

ナス科 ナス属

- 区分　　作物
- 開花期　4〜7月
- 年生　　1年草

マルハナバチが受粉する蜜を出さないナス科

袋状の雄しべから花粉がこぼれ落ちて自家受粉が行なわれる。ナス（P.104）と同様に施設栽培ではマルハナバチによって振動受粉が行なわれる。トマトトーン（ホルモン剤）による着果よりもマルハナバチによる受粉のほうが着果率も果実の品質も高い。

おもな訪花昆虫

ミツバチ類	★★★
マルハナバチ類	★★★
小型ハナバチ類	★☆☆
ハナアブ・ハエ類	★★☆

夏　黄色・オレンジ色の花

花のサイズ

高さ：中（約90cm）

単花　約21mm

中間型　約21mm／約12mm

花の色

花弁／雄しべ
（紫外・紫・青・緑・黄・赤）

香りの好み

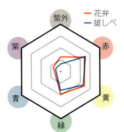

ミツバチ／ハナバチ／ハナアブ・ハエ

蜜量と糖度

蜜量	採取できず	★☆☆☆☆
糖度	採取できず	★☆☆☆☆
養蜂での評価		★☆☆☆☆

花粉のサイズと数

1粒体積	約6,700μm³	★☆☆☆☆
花粉数	約13万個	★★★★☆
養蜂での評価		★☆☆☆☆

135

ナスタチウム
（キンレンカ）

ノウゼンハレン科 ノウゼンハレン属

- 区分　　園芸
- 開花期　6〜11月
- 年生　　1年草

**食卓を彩る花
暑さ寒さに弱い**

本書調査では蜜を採取できなかったが、高糖度の蜜を袋状の距（きょ）にためるらしい。ミツバチにとっては利用しづらそうな構造の花だが、養蜂での蜜源評価もあり、花粉源としても利用しているようだ。花と葉は辛味と酸味があってハーブとして食べられる。

おもな訪花昆虫

ミツバチ類	★★☆
マルハナバチ類	★☆☆
小型ハナバチ類	★★☆
ハナアブ・ハエ類	★☆☆

夏

黄色・オレンジ色の花

花のサイズ
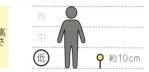

花の色
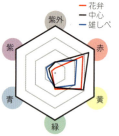

香りの好み

蜜量と糖度

蜜量	採取できず	★☆☆☆☆
糖度	採取できず	★☆☆☆☆
養蜂での評価		★★☆☆☆

花粉のサイズと数

1粒体積	約3,700 μm³	★☆☆☆☆
花粉数	約26万個	★★★★☆
養蜂での評価		★★★☆☆

ニガウリ

ウリ科 ツルレイシ属

雄花

セイヨウミツバチ
雌花
雄花

- 区分　作物
- 開花期　8～9月
- 年生　1年草

午前中に授粉が必要な1日花

雄花と雌花があり、雌花は蜜を出さない。マルハナバチ、ミツバチ、小型ハナバチ、ツチバチなどが授粉に貢献する。単為結果品種もあるが、多くは昆虫の授粉により大きく形のよい実ができる。蜜の糖度は高くない。

おもな訪花昆虫

ミツバチ類	★★★
マルハナバチ類	★★★
小型ハナバチ類	★★★
ハナアブ・ハエ類	★★★

花のサイズ

約100cm
高さ：高・中・低

単花　約34mm
浅型　約34mm／約6mm

花の色

花弁／中心／雄しべ
紫外・赤・黄・緑・青・紫

香りの好み

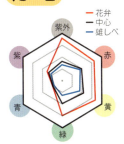
ミツバチ／ハナアブ・ハエ／ハナバチ

夏　黄色・オレンジ色の花

蜜量と糖度（雄花）

蜜量	約2μL	★★★★★
糖度	約31%	★★★★★
養蜂での評価		★★★★★

花粉のサイズと数

1粒体積	約11万μm³	★★★★★
花粉数	約1万個	★★★★★
養蜂での評価		★★★★★

ニガナ

キク科 ニガナ属

- 区分　野生（在来）
- 開花期　5〜7月
- 年生　多年草

舌状花のみからなるキク科の花

やや湿り気のある草地に生える。ときに群生するが蜜はとても少なく、小型ハナバチやハナアブがおそらく花粉目当てで訪花する。沖縄で野菜として利用されるニガナはホソバワダンという別種。

小型ハナバチの一種

花粉

おもな訪花昆虫

ミツバチ類	★★☆
マルハナバチ類	★☆☆
小型ハナバチ類	★★☆
ハナアブ・ハエ類	★☆☆

夏

黄色・オレンジ色の花

花のサイズ

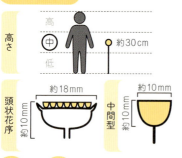

高さ：中　約30cm
頭状花序：約18mm／約10mm
中間型：約10mm

花の色

紫外・赤・黄・緑・青・紫

香りの好み

ミツバチ／ハナバチ／ハナアブ・ハエ

蜜量と糖度

蜜量	約0.2μL（花序）	★★☆☆☆
糖度	約36%	★★★☆☆
養蜂での評価		★☆☆☆☆

花粉のサイズと数

1粒体積	約2.3万μm³	★★☆☆☆
花粉数	約1.3万個（花序）	★★★☆☆
養蜂での評価		★☆☆☆☆

ノアズキ

マメ科 ノアズキ属

- 区分　　野生（在来）
- 開花期　8〜9月
- 年生　　1年草

左右非対称の花をつけるアズキの仲間

花は左右非対称で独特の形をしている。作物のアズキも似た花の構造を持つ。クマバチやハキリバチなどの中〜大型のハナバチが訪花する。ノアズキの実は食べられないが、ヤブツルアズキは食べられる。

おもな訪花昆虫

ミツバチ類	★★★
マルハナバチ類	★★★
小型ハナバチ類	★★★
ハナアブ・ハエ類	★★★

夏　黄色・オレンジ色の花

花のサイズ

高さ：中　約30cm

単花　　約18mm

中間型　　約18mm　約114mm

花の色

紫外・赤・黄・緑・青・紫

香りの好み

ミツバチ・ハナバチ・ハナアブ ハエ

蜜量と糖度

蜜量	約0.3μL	★★★★★
糖度	約43%	★★★★★
	養蜂での評価	★★★★★

花粉のサイズと数

1粒体積	約1.2万μm³	★★★★★
花粉数	約2.9万個	★★★★★
	養蜂での評価	★★★★★

ノゲシ

キク科 ノゲシ属

- 区分　野生（在来）
- 開花期　4〜7月
- 年生　1年草

痛くない在来のノゲシ

開花期が長い。外来種のオニノゲシ（P.124）とは違い、葉は触っても痛くない。タンポポ（P.59）などと同じキク科らしい花。小花は小さすぎて蜜の採取はできず計測不可。若芽と柔らかい葉は食べられる。

おもな訪花昆虫

ミツバチ類	★★☆
マルハナバチ類	★★☆
小型ハナバチ類	★★☆
ハナアブ・ハエ類	★☆☆

夏

黄色・オレンジ色の花

花のサイズ

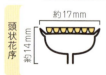

約70cm

頭状花序 約17mm／約14mm
深型 約4mm／約12mm

花の色

香りの好み

蜜量と糖度

蜜量	採取できず	★☆☆☆☆
糖度	採取できず	★☆☆☆☆
養蜂での評価		★★☆☆☆

花粉のサイズと数

1粒体積	約2.6万μm³	★★★☆☆
花粉数	約8.8万個（花序）	★★★☆☆
養蜂での評価		★☆☆☆☆

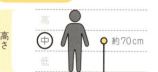

花粉

ハキダメギク

キク科 コゴメギク属

- 区分　野生（外来）
- 開花期　6〜10月
- 年生　1年草

白い花びらがかわいいが花粉はトゲトゲ

開花期が長く、ハエやハナアブ類が好む香りを出していて、ハナアブ類の訪花が多い。蜜は採取できず。そっくりな近縁種にコゴメギクがある。トゲトゲの花粉はキク科の特徴。中国では食用にする。

花粉

おもな訪花昆虫

ミツバチ類	★☆☆
マルハナバチ類	★☆☆
小型ハナバチ類	★★☆
ハナアブ・ハエ類	★★★

夏

黄色・オレンジ色の花

花のサイズ

高さ 高/中/低

約20cm

頭状花序 約6mm／約3mm
深型 約1mm／約2mm

花の色

香りの好み

蜜量と糖度

蜜量	採取できず	☆☆☆☆☆
糖度	採取できず	☆☆☆☆☆
	養蜂での評価	☆☆☆☆☆

花粉のサイズと数

1粒体積	約7,500μm³	★☆☆☆☆
花粉数	約1.1万個（花序）	★★★☆☆
	養蜂での評価	☆☆☆☆☆

141

ヒマワリ

キク科 ヒマワリ属

セイヨウミツバチ / ハラナガツチバチの一種

- 区分　　園芸
- 開花期　7〜8月
- 年生　　1年草

花期が短いので複数品種を植えてリレーする

大きな花にはいろいろな虫がやってくる。筒状花には高糖度の蜜があり、花粉も豊富。外側の花から咲いていくが、ちょうど花粉を出している花に蜜があることから、花の蜜は花粉を運んでもらうための虫への報酬であることがよくわかる。

コハナバチの一種 / 花の断面 / 花粉

おもな訪花昆虫

ミツバチ類	★★★
マルハナバチ類	★★☆
小型ハナバチ類	★★☆
ハナアブ・ハエ類	★★☆

夏 / 黄色・オレンジ色の花

花のサイズ

約240cm / 高さ 高中低 / 頭状花序 約251mm 約250mm / 深型 約5mm 約15mm

花の色
花弁 / 中心 / 紫外・赤・黄・緑・青・紫

香りの好み
ミツバチ / ハナバチ / ハナアブ・ハエ

蜜量と糖度

蜜量	約105μL(花序)	★★★★★
糖度	約69%	★★★★★
養蜂での評価		★★★☆☆

花粉のサイズと数

1粒体積	約2.9万μm³	★★★★☆
花粉数	約5,542万個(花序)	★★★★★
養蜂での評価		★★★★★

ブタナ

キク科 エゾコウゾリナ属

小型ハナバチの一種

- 区分　野生（外来）
- 開花期　4〜7月
- 年生　多年草

多くの昆虫が利用するタンポポのような花

フランスではポピュラーな野菜で Salade de porc（豚のサラダ）と呼ばれており、和名の由来となっている。多くの昆虫が訪れるが、一つ一つの舌状花は細すぎて極細のガラス管でも蜜を採取できないが、多くの昆虫が訪花する。

ハエの一種

モモブトカミキリモドキ

おもな訪花昆虫

ミツバチ類	★★☆
マルハナバチ類	★★☆
小型ハナバチ類	★★★
ハナアブ・ハエ類	★★★

花のサイズ

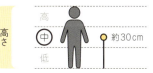

高さ：中　約30cm
頭状花序　約30mm／約10mm
深型　約4mm／約9mm

花の色

― 花弁
― 中心
紫外・紫・青・緑・黄・赤

香りの好み

ミツバチ／ハナアブ・ハエ／ハナバチ

夏　黄色・オレンジ色の花

蜜量と糖度

蜜量	採取できず	★☆☆☆☆
糖度	採取できず	★☆☆☆☆
養蜂での評価		★☆☆☆☆

花粉のサイズと数

1粒体積	約1.5万μm³	★★☆☆☆
花粉数	約59万個（花序）	★★★★☆
養蜂での評価		★☆☆☆☆

ベニバナ

キク科 ベニバナ属

- 区分　　作物
- 開花期　5〜7月
- 年生　　1年草

油や染料のために栽培される

黄色の花はマルハナバチなどによる受粉が終わると赤色に変わる。蜜の採取は、雌しべと雄しべを根元のほうに向かって引っ張って花弁を裂き、その隙間から花蜜をこそげるようにして行なう。

花の断面

小花

おもな訪花昆虫

ミツバチ類	★★☆
マルハナバチ類	★★★
小型ハナバチ類	★★★
ハナアブ・ハエ類	★★☆

夏 / 黄色・オレンジ色の花

花のサイズ

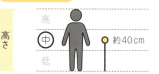

高さ 約40cm
頭状花序 約28mm / 約31mm
深型 約5mm / 約24mm

花の色

香りの好み

蜜量と糖度

蜜量	NoData	★☆☆☆☆
糖度	NoData	★☆☆☆☆
養蜂での評価		★★★☆☆

花粉のサイズと数

1粒体積	約4.7万μm³	★★★☆☆
花粉数	約16万個（花序）	★★★★☆
養蜂での評価		★★★★★

マリーゴールド

キク科 コウオウソウ属

アカガネコハナバチ
ツマグロヒョウモン
クモの一種

- 区分　　園芸
- 開花期　5〜11月
- 年生　　1年草

センチュウ対策を兼ねての利用もできる

育てやすく開花期も長い。蜜の糖度は低めだが量は多い。花粉数はとても多め。土の中のネコブセンチュウやネグサレセンチュウを抑える効果があることが知られており、緑肥植物として利用されている。

おもな訪花昆虫

ミツバチ類	★★☆
マルハナバチ類	★★☆
小型ハナバチ類	★★☆
ハナアブ・ハエ類	★★☆

夏　黄色・オレンジ色の花

花のサイズ

約20cm

頭状花序 約50mm／約21mm
深型 約7mm／約12mm

花の色

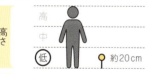

紫外／赤／黄／緑／青／紫

香りの好み

ミツバチ／ハナバチ／ハナアブハエ

蜜量と糖度

蜜量	約15μL（花序）	★★★★☆
糖度	約31%	★★☆☆☆
養蜂での評価		★☆☆☆☆

花粉のサイズと数

1粒体積	約4万μm³	★★★☆☆
花粉数	約26万個（花序）	★★★★☆
養蜂での評価		★★☆☆☆

ミヤコグサ

マメ科 ミヤコグサ属

- 区分　　野生（在来）
- 開花期　5〜9月
- 年生　　多年草

独特の花粉排出システムを持つ

左右が合体した花弁（竜骨弁）の中に花粉がたまっていて、虫の訪花で押し下げられると花粉があふれ出す。虫媒花のようなしくみだが、自家受粉だという情報もある。よく似た外来種のセイヨウミヤコグサは本種よりも多くの花が房状に咲く。

おもな訪花昆虫

ミツバチ類	★★★
マルハナバチ類	★★★
小型ハナバチ類	★★★
ハナアブ・ハエ類	★★★

夏　黄色・オレンジ色の花

花のサイズ / 花の色 / 香りの好み

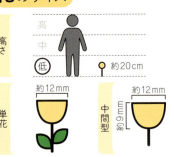
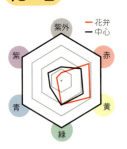

蜜量と糖度

蜜量	0.1μL 未満	★☆☆☆☆
糖度	約42％	★★★☆☆
養蜂での評価		★☆☆☆☆

花粉のサイズと数

1粒体積	約2,200μm³	★☆☆☆☆
花粉数	約11万個	★★★★☆
養蜂での評価		★☆☆☆☆

メマツヨイグサ

アカバナ科 マツヨイグサ属

- 区分　　野生（外来）
- 開花期　6〜9月
- 年生　　1年草

スズメガが花粉を運ぶ夜に咲く花

蜜は草っぽくてキュウリみたいな味。解剖するととてもネバネバして、花粉計測などは手こずる。花粉は大きくネバネバする糸でつながっていて、訪れるガに付着しやすいといわれている。蜜の採取は、花の細い筒状の部分にガラス管を差し込んでとる。

ユスリカの一種

花粉

おもな訪花昆虫

ミツバチ類	★☆☆
マルハナバチ類	★★☆
小型ハナバチ類	★☆☆
ハナアブ・ハエ類	★☆☆

夏　黄色・オレンジ色の花

花のサイズ

高さ：中　約90cm

単花：約26mm
中間型：約26mm / 約14mm

花の色

香りの好み

蜜量と糖度

蜜量	約5μL	★★★☆☆
糖度	約27%	★★☆☆☆
養蜂での評価		★★☆☆☆

花粉のサイズと数

1粒体積	約22万μm³	★★★★★
花粉数	約7,100個	★★☆☆☆
養蜂での評価		★★★★☆

147

アメリカタカサブロウ

キク科 タカサブロウ属

- 区分　　野生（外来）
- 開花期　8～10月
- 年生　　1年草

**種子は水で運ばれる
水田雑草**

在来種タカサブロウ（モトタカサブロウ）によく似ている。種子の翼で区別でき、翼がないのが本種。目立つ花ではなく、蜜もなく、訪花昆虫もあまりいない。黒い種子は水に流されて遠くに運ばれる。

夏 ／ 白い花

おもな訪花昆虫

ミツバチ類	★☆☆
マルハナバチ類	☆☆☆
小型ハナバチ類	★☆☆
ハナアブ・ハエ類	★☆☆

花のサイズ

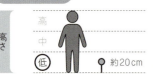

約20cm

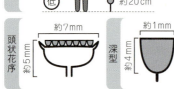

頭状花序 約7mm／約5mm
深型 約1mm／約4mm

花の色

香りの好み

蜜量と糖度

蜜量	採取できず	☆☆☆☆☆
糖度	採取できず	☆☆☆☆☆
養蜂での評価		☆☆☆☆☆

花粉のサイズと数

1粒体積	約9,000 μm^3	★☆☆☆☆
花粉数	約1.7万個（花序）	★★★☆☆
養蜂での評価		☆☆☆☆☆

イヌゴマ

シソ科 イヌゴマ属

- 区分　　野生（在来）
- 開花期　7〜8月
- 年生　　多年草

湿った場所に生えるシソ科の多年草

池の周りなど湿ったところに生育する多年草のシソの仲間。シソ科でよく見られる唇形の花を真夏に咲かせる。花びらには紫の模様があり、蜜のありかを示す蜜標の機能があると思われる。ミツバチやハナバチが好むような香りを出す。受粉するとゴマのような果実をつくるが、食用にはならない。

おもな訪花昆虫

ミツバチ類	★★☆
マルハナバチ類	★★☆
小型ハナバチ類	★★☆
ハナアブ・ハエ類	★☆☆

夏　白い花

花のサイズ

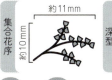

高さ 中　約30cm

集合花序 約11mm 約10mm　深型 約4mm 約9mm

花の色

紫外／赤／黄／緑／青／紫　NoData

香りの好み

ミツバチ／ハナバチ／ハナアブ ハエ

蜜量と糖度

蜜量	NoData	★★★★★
糖度	NoData	★★★★★
養蜂での評価		★★★★★

花粉のサイズと数

1粒体積	NoData	★★★★★
花粉数	NoData	★★★★★
養蜂での評価		★★★★★

149

イヌホオズキ

ナス科 ナス属

- 区分　　野生（外来）
- 開花期　8〜10月
- 年生　　1年草

ホオズキ属ではなくナス属

ナスやトマトに似た形の花で、白い花弁に黄色い袋状の雄しべが見える。蜜はない。小さな花粉をたくさんつくる。黒い果実ができるが、ソラニンを含み有毒。アメリカイヌホオズキ、テリミノイヌホオズキなどよく似た外来近縁種が複数存在する。

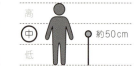
アブラムシとアリ

おもな訪花昆虫

ミツバチ類	★★★
マルハナバチ類	★★★
小型ハナバチ類	★★★
ハナアブ・ハエ類	★★★

夏／白い花

花のサイズ

 約50cm

単花 約8mm
浅型 約4mm／約8mm

花の色

花弁／雄しべ
紫外・紫・青・緑・黄・赤

香りの好み

ミツバチ／ハナアブ・ハエ／ハナバチ

蜜量と糖度

蜜量	採取できず	★★★★★
糖度	採取できず	★★★★★
養蜂での評価		★★★★★

花粉のサイズと数

1粒体積	約4,200μm³	★★★★★
花粉数	約5万個	★★★★★
養蜂での評価		★★★★★

ウシハコベ

ナデシコ科 ハコベ属

- 区分　野生（在来）
- 開花期　4～10月
- 年生　1年草

花柱が5本のハコベの仲間

小さな花だが蜜もあり、小型のハナバチやハナアブ類が訪花する。ミドリハコベやコハコベ（P.82）と同様2つに分かれた花弁を5枚持つが、ミドリハコベとコハコベが花柱3本なのに対しウシハコベは5本。ノミノフスマも似ているが、ガクが花弁より短いので区別できる。

おもな訪花昆虫

ミツバチ類	★★★☆☆
マルハナバチ類	★★★☆☆
小型ハナバチ類	★★☆☆☆
ハナアブ・ハエ類	★★☆☆☆

花のサイズ

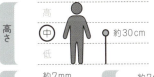

高さ：中　約30cm
単花：約7mm
浅型：約7mm、約2mm

花の色

香りの好み

蜜量と糖度

蜜量	0.1μL未満	★☆☆☆☆
糖度	約65%	★★★★★
養蜂での評価		☆☆☆☆☆

花粉のサイズと数

1粒体積	約1.8万μm³	★★☆☆☆
花粉数	約5,600個	★★☆☆☆
養蜂での評価		☆☆☆☆☆

夏　白い花

ウド

ウコギ科 タラノキ属

- 区分　　作物／野生（在来）
- 開花期　8〜10月
- 年生　　多年草

夏の蜜源・花粉源として多くの昆虫が集まる

両性花の花序と雄花の花序がある。蜜は豊富で少し苦い。ミツバチをはじめハナアブやコウチュウ、スズメバチなど多くの昆虫が訪れる。自家受粉を防ぐため、雄しべが先に成熟する。

おもな訪花昆虫

ミツバチ類	★★★
マルハナバチ類	★★☆
小型ハナバチ類	★★☆
ハナアブ・ハエ類	★★☆

夏　白い花

花のサイズ

高さ：中　約60cm

集合花序　約33mm／約32mm
中間型　約3mm／約2mm

花の色

花弁／雄しべ
（紫外・紫・青・緑・黄・赤）

香りの好み

ミツバチ／ハナアブ・ハエ／ハナバチ

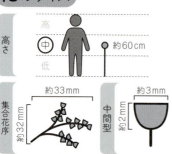

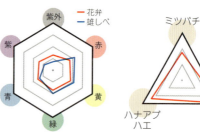

蜜量と糖度

蜜量	約23μL（花序）	★★★★★
糖度	約66%	★★★★★
養蜂での評価		★★★☆☆

花粉のサイズと数

1粒体積	約9,800μm³	★☆☆☆☆
花粉数	約68万個（花序）	★★★★☆
養蜂での評価		★★★★☆

オオニシキソウ

トウダイグサ科 トウダイグサ属

- 区分　　野生(外来)
- 開花期　7〜9月
- 年生　　1年草

幼果が花の先にぶら下がる不思議な花

白い花びらのように見えるのは花びらではないし、幼果が花の先にぶら下がるような変わった形の花。蜜はない。雌しべが受粉したあとに雄しべが出ることで自家受粉を防ぐ。

おもな訪花昆虫

ミツバチ類	★☆☆
マルハナバチ類	★☆☆
小型ハナバチ類	★☆☆
ハナアブ・ハエ類	★☆☆

夏　白い花

花のサイズ

高さ：中　約40cm

単花：約2mm
中間型：約2mm／約2mm

花の色

紫外・赤・黄・緑・青・紫

香りの好み

ミツバチ／ハナバチ／ハナアブハエ

蜜量と糖度

蜜量	採取できず	★☆☆☆☆
糖度	採取できず	★☆☆☆☆
養蜂での評価		★☆☆☆☆

花粉のサイズと数

1粒体積	約1.1万μm³	★★☆☆☆
花粉数	約900個	★☆☆☆☆
養蜂での評価		★☆☆☆☆

153

ガウラ
（ハクチョウソウ、ヤマモモソウ）

アカバナ科 ガウラ属

ニホンミツバチ

- 区分　　園芸
- 開花期　6〜11月
- 年生　　多年草

風に揺れる姿が美しい夏の蜜源

ガウラは本種の属名である。白い蝶が飛んでいるような花なのでハクチョウソウとも呼ばれる。開花期が長く、真夏も咲く蜜源植物。早朝からニホンミツバチやマルハナバチがたくさん訪花する。

ニホンミツバチ
蜜
アザミウマの一種

おもな訪花昆虫

ミツバチ類	★★☆
マルハナバチ類	★★☆
小型ハナバチ類	★☆☆
ハナアブ・ハエ類	★☆☆

夏　白い花

花のサイズ

高さ：中　約80cm

単花：約26mm
中間型：約26mm／約14mm

花の色

花弁／雄しべ／雌しべ
紫外・赤・黄・緑・青・紫

香りの好み

ミツバチ／ハナバチ／ハナアブハエ

蜜量と糖度

蜜量	約0.4μL	★★☆☆☆
糖度	約56%	★★★★☆
養蜂での評価		★★☆☆☆

花粉のサイズと数

1粒体積	約18万μm^3	★★★★★
花粉数	約2,300個	★★☆☆☆
養蜂での評価		★★★★★

カラミンサ

シソ科 トウバナ属

アオスジハナバチ

キムネクマバチ / クロアナバチ

- 区分　園芸／野生（外来）
- 開花期　5〜11月
- 年生　多年草

育てやすく多くの昆虫に大人気の花

ミントとオレガノを混ぜたような香り。花は小さいが数多く咲き、ハナバチ、カリバチ、ハエ、ハナアブ、チョウなど多様な昆虫が数多く訪れる。開花期間も長く、ほかの花が少ない夏の蜜源として期待される。

おもな訪花昆虫

ミツバチ類	★★★
マルハナバチ類	★★★
小型ハナバチ類	★★★
ハナアブ・ハエ類	★★★

夏／白い花

花のサイズ

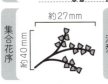
高さ 約30cm

集合花序 約27mm / 約40mm
深型 約5mm / 約6mm

花の色

香りの好み

ミツバチ / ハナアブ・ハエ / ハナバチ

蜜量と糖度

蜜量	0.1μL 未満	★☆☆☆☆
糖度	約85%	★★★★★
養蜂での評価		★★★☆☆

花粉のサイズと数

1粒体積	約3.9万μm³	★★★☆☆
花粉数	約4,600個	★★☆☆☆
養蜂での評価		★★★★☆

クラピア

クマツヅラ科 イワダレソウ属

- 区分　　園芸
- 開花期　5〜9月
- 年生　　多年草

在来種のイワダレソウを改良した品種

ヒメイワダレソウ（P.170）によく似るが、ヒメイワダレソウが外来種なのに対し、クラピアは在来種のイワダレソウを改良したもの。クラピアにもいくつか品種があり、ヒメイワダレソウとイワダレソウの雑種もある（クラピアK5）。花の大きさ、香り、蜜や花粉の特徴は両種ともよく似ている。

セイヨウミツバチ

おもな訪花昆虫

ミツバチ類	★★☆
マルハナバチ類	★☆☆
小型ハナバチ類	★★★
ハナアブ・ハエ類	★★☆

夏／白い花

花のサイズ

高さ：低　約5cm
頭状花序：約6mm（約6mm）
中間型：約2mm（約2mm）

花の色

紫外・赤・黄・緑・青・紫　NoData

香りの好み

ミツバチ／ハナバチ／ハナアブ・ハエ

蜜量と糖度

蜜量	約1μL（花序）	★★★☆☆
糖度	約59%	★★★★☆
養蜂での評価		★☆☆☆☆

花粉のサイズと数

1粒体積	約4,800 μm^3	★☆☆☆☆
花粉数	約8.5万個（花序）	★★★☆☆
養蜂での評価		★☆☆☆☆

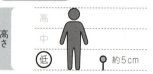

コリアンダー
(パクチー、シャンツァイ (香草))

セリ科 コエンドロ属

ツチスガリの一種

ヒラタアブの一種

- 区分　　作物
- 開花期　5〜7月
- 年生　　1年草

白いレースのようなセリ科の花

小さな花粉をたくさんつくる。ミツバチをはじめハナアブやハナバチが多く訪れる。料理には葉や実（コリアンダーシード）が使われ独特の香りがするが、蜜にはクセがなくハチミツはとっても美味。

おもな訪花昆虫

ミツバチ類	★★☆
マルハナバチ類	★★☆
小型ハナバチ類	★★★
ハナアブ・ハエ類	★★★

夏　白い花

花のサイズ

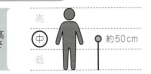

約50cm

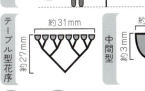

テーブル型花序 約31mm 約27mm

中間型 約3mm 約3mm

花の色

NoData

紫外／赤／黄／緑／青／紫

香りの好み

ミツバチ／ハナバチ／ハナアブ・ハエ

蜜量と糖度

蜜量	0.1 μL 未満	★☆☆☆☆
糖度	約 47 %	★★★☆☆
	養蜂での評価	★☆☆☆☆

花粉のサイズと数

1粒体積	約 2,700 μm³	★☆☆☆☆
花粉数	約 1.9 万個	★★★☆☆
	養蜂での評価	★☆☆☆☆

シソ

シソ科 シソ属

- 区分　　作物
- 開花期　8〜9月
- 年生　　1年草

虫に好まれる日本の代表的ハーブ

薬味として食用されるシソの花だが、多くの昆虫が訪れることはあまり知られていない。花が咲くと葉がかたくなってしまうため、花が咲かないように栽培されているからであろう。

キゴシハナアブ

おもな訪花昆虫

ミツバチ類	★★☆
マルハナバチ類	★★☆
小型ハナバチ類	★☆☆
ハナアブ・ハエ類	★★☆

夏 / 白い花

花のサイズ

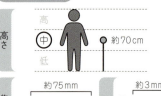

高さ　中　約70cm

集合花序 約75mm / 約12mm
中間型 約3mm / 約3mm

花の色

香りの好み

蜜量と糖度

蜜量	0.1μL未満	★☆☆☆☆
糖度	約37%	★★★☆☆
養蜂での評価		★★☆☆☆

花粉のサイズと数

1粒体積	約2.5万μm³	★★☆☆☆
花粉数	約1,500個	★★☆☆☆
養蜂での評価		★★★★☆

158

シロツメクサ
（シロクローバー）

マメ科 シャジクソウ属

セイヨウミツバチ

セイヨウミツバチ
ベニシジミ

- 区分　園芸／野生（外来）
- 開花期　4〜7月
- 年生　多年草

雑草対策にもなる蜜源・花粉源の定番

ミツバチから小型ハナバチまで、多くのハナバチが訪れる主力蜜源・花粉源。開花期も長く蜜源植物として使いやすい。緑肥植物として種子も入手しやすい。蜜の採取方法は、まずガクを取り去ってから、花弁を分解して蜜を回収する。

おもな訪花昆虫

ミツバチ類	★★★
マルハナバチ類	★★★
小型ハナバチ類	★★★
ハナアブ・ハエ類	★☆☆

夏　白い花

花のサイズ

高さ：高／中／低　約20cm
頭状花序 約19mm／約17mm
深型 約4mm／約8mm

花の色

紫外／赤／黄／緑／青／紫

香りの好み

ミツバチ／ハナバチ／ハナアブ・ハエ

蜜量と糖度

蜜量	約5μL（花序）	★★★☆☆
糖度	約52％	★★★★☆
養蜂での評価		★★★★☆

花粉のサイズと数

1粒体積	約9,400μm³	★☆☆☆☆
花粉数	約41万個（花序）	★★★★☆
養蜂での評価		★★★★★

159

センニンソウ

キンポウゲ科 センニンソウ属

- 区分　野生（在来）
- 開花期　8～10月
- 年生　多年草

白い十文字の有毒植物

和名は果実に仙人のひげのような細長い綿毛が伸びることから。白い十文字の花は花弁ではなくガク。有毒植物だが、根は生薬になる。ミツバチ好みの香りだが、蜜はつくらず、訪花昆虫は少ない。

夏／白い花

おもな訪花昆虫

ミツバチ類	★★★
マルハナバチ類	★★★
小型ハナバチ類	★★★
ハナアブ・ハエ類	★★★

花のサイズ

高さ：高/中/低　約60cm

単花　約38mm

浅型　約38mm　約11mm

花の色

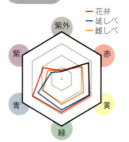

花弁／雄しべ／雌しべ
紫外・赤・黄・緑・青・紫

香りの好み

ミツバチ／ハナバチ／ハナアブハエ

蜜量と糖度

蜜量	採取できず	★★★★★
糖度	採取できず	★★★★★
養蜂での評価		★★★★★

花粉のサイズと数

1粒体積	約2.2万μm³	★★★★★
花粉数	約7.3万個	★★★★★
養蜂での評価		★★★★★

ソバ

タデ科 ソバ属

ニホンミツバチ

ホシメハナアブ

- 区分　　作物
- 開花期　5〜10月
- 年生　　1年草

生育が早くて扱いやすく訪花昆虫も多い

春ソバ、秋ソバともに花には多くの昆虫が訪れる。それぞれの花の蜜は細いガラス管でギリギリ採取できる量だが、花数は多く、糖度も高いので有力な蜜源となる。ソバのハチミツは黒くザラっとし黒蜜のようなクセのある味でバニラアイスに合う。

おもな訪花昆虫

ミツバチ類	★★★
マルハナバチ類	★★☆
小型ハナバチ類	★★☆
ハナアブ・ハエ類	★★★

夏 / 白い花

花のサイズ

約40cm

テーブル型花序 約18mm 約13mm / 浅型 約8mm 約2mm

花の色
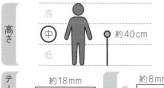
紫外・赤・黄・緑・青・紫

香りの好み

ミツバチ / ハナバチ / ハナアブハエ

蜜量と糖度

蜜量	0.1μL未満	★☆☆☆☆
糖度	約58%	★★★★☆
養蜂での評価		★★★★★

花粉のサイズと数

花粉

1粒体積	約3.8万μm^3	★★★★☆
花粉数	約900個	★☆☆☆☆
養蜂での評価		★★☆☆☆

ダンドボロギク

キク科 タケダグサ属

- 区分　野生（外来）
- 開花期　9〜10月
- 年生　1年草

つぼみのようだが大きく開くことはない

筒状の小さな花の集まりで、花弁はない。土砂崩れや林の伐採などでできる日当たりのよい場所に、最初に侵入するパイオニア植物。鹿に食べられにくいので、鹿の食害が多いと本種が増えることがある。

夏／白い花

おもな訪花昆虫

ミツバチ類	★☆☆
マルハナバチ類	★☆☆
小型ハナバチ類	★☆☆
ハナアブ・ハエ類	★☆☆

花のサイズ

高さ：高／中／低　約120cm
頭状花序：約7mm／約20mm
深型：1mm以下／約14mm

花の色

NoData（紫外／紫／赤／青／黄／緑）

香りの好み

ミツバチ／ハナバチ／ハナアブ・ハエ

蜜量と糖度

蜜量	採取できず	☆☆☆☆☆
糖度	採取できず	☆☆☆☆☆
養蜂での評価		☆☆☆☆☆

花粉のサイズと数

1粒体積	約3.1万μm³	★★★☆☆
花粉数	約1.8万個（花序）	★★★☆☆
養蜂での評価		☆☆☆☆☆

162

ドクダミ

ドクダミ科 ドクダミ属

- 区分　　野生（在来）
- 開花期　6〜7月
- 年生　　多年草

受粉は不要だが不完全な花粉をつくる

多くの植物は染色体が2セットだが、日本産ドクダミは染色体を3セット持つ3倍体で、受粉せずに種子をつくる。蜜は出さない。不完全な形の花粉を目当てに少しハナアブがやってくる程度で訪花昆虫は少ない。

おもな訪花昆虫

ミツバチ類	★★★
マルハナバチ類	★★★
小型ハナバチ類	★★★
ハナアブ・ハエ類	★★★

夏　白い花

花のサイズ

約30cm

単花　約29mm

浅型　約29mm　約12mm

花の色

花弁／雄しべ

紫外／赤／黄／緑／青／紫

香りの好み

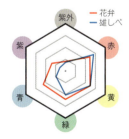

ミツバチ／ハナバチ／ハナアブ ハエ

蜜量と糖度

蜜量	採取できず	★★★★★
糖度	採取できず	★★★★★
養蜂での評価		★★★★★

花粉のサイズと数

1粒体積	正常花粉なし	★★★★★
花粉数	正常花粉なし	★★★★★
養蜂での評価		★★★★★

163

トチノキ

ムクロジ科 トチノキ属

- 区分　　野生（在来）
- 開花期　5～6月
- 年生　　木本

**街路樹にもなる
有力蜜源樹**

養蜂でとても重要な蜜源で、蜜源植物の王座を占める樹種といえる。日本特産。蜜は濃く、花も多いので、たくさんの虫が訪花する。近縁種のセイヨウトチノキはマロニエと呼ばれ、両種とも街路樹として広く植えられている。

夏／白い花

おもな訪花昆虫

ミツバチ類	★★★
マルハナバチ類	★★★
小型ハナバチ類	★★★
ハナアブ・ハエ類	★★☆

花のサイズ ※参考値

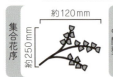

高さ：高
集合花序：約250mm、約120mm
中間型：約15mm、約12mm

花の色

紫外／紫／赤／青／黄／緑　NoData

香りの好み

ミツバチ／ハナアブ・ハエ／ハナバチ

蜜量と糖度

蜜量	約0.5μL	★★☆☆☆
糖度	約58%	★★★★☆
養蜂での評価		★★★★★

花粉のサイズと数

1粒体積	約4,900μm³	★☆☆☆☆
花粉数	約9.7万個	★★★☆☆
養蜂での評価		★★★★☆

ニホンハッカ

シソ科 ハッカ属

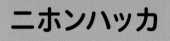

- 区分　　園芸
- 開花期　7〜9月
- 年生　　多年草

日本在来のミントで和ハッカと呼ばれる

蜜の糖度も高く、優秀な蜜源。チューインガムや歯みがき粉に使われるメントールを多く含む。メントールが化学合成される前は、本種からメントールを精製しており、日本の生産量が世界の約7割を占めていた。北海道北見市が有名。メントール生産のために改良された品種もある。

おもな訪花昆虫

ミツバチ類	★★☆
マルハナバチ類	★★☆
小型ハナバチ類	★★★
ハナアブ・ハエ類	★★★

花のサイズ

高さ 中　約60cm

集合花序 約22mm 約26mm
深型 約5mm 約7mm

花の色

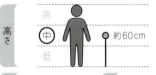

NoData

香りの好み

ミツバチ / ハナアブ・ハエ / ハナバチ

夏　白い花

蜜量と糖度

蜜量	0.1μL未満	★☆☆☆☆
糖度	約51%	★★★★☆
養蜂での評価		★☆☆☆☆

花粉のサイズと数

1粒体積	約3.2万μm³	★★★☆☆
花粉数	約1,400個	★★☆☆☆
養蜂での評価		★☆☆☆☆

花粉

165

ニラ

ヒガンバナ科 ネギ属

- 区分　　作物／野生（在来）
- 開花期　7〜9月
- 年生　　多年草

野良ニラはよい花粉源

栽培種のほかに日本在来の野生種もあるが、栽培種が逸出して野生化したものも多い。花粉が多く、雄しべの根元に蜜あり。蜜は少し苦くてニラ臭い風味がある。そのため糖度も量もあるが養蜂には不向き。

ツヤハナバチの一種

ハラナガツチバチの一種

花粉

おもな訪花昆虫

ミツバチ類	★★☆
マルハナバチ類	★☆☆
小型ハナバチ類	★★☆
ハナアブ・ハエ類	★★★

夏　白い花

花のサイズ

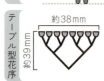

高さ　約50cm
テーブル型花序　約38mm／約39mm
浅型　約11mm／約3mm

花の色

紫外／赤／黄／緑／青／紫

香りの好み

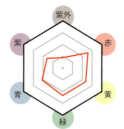

ミツバチ／ハナバチ／ハナアブ ハエ

蜜量と糖度

蜜量	約0.5μL	★★☆☆☆
糖度	約66%	★★★★★
養蜂での評価		★★☆☆☆

花粉のサイズと数

1粒体積	約2.2万μm^3	★★☆☆☆
花粉数	約5.5万個	★★★☆☆
養蜂での評価		★★★★☆

ニワゼキショウ

アヤメ科 ニワゼキショウ属

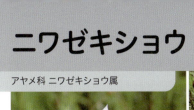

- 区分　野生（外来）
- 開花期　4〜7月
- 年生　多年草

芝生などに生える蜜を出さない1日花

白い花と紫の花がある。白い花をつける近縁のオオニワゼキショウの影響によって、本種の白花の比率が変化する。蜜は出さないが、花粉を目的に訪れる昆虫が受粉に貢献しているようだ。

おもな訪花昆虫

ミツバチ類	★☆☆
マルハナバチ類	★☆☆
小型ハナバチ類	★☆☆
ハナアブ・ハエ類	★☆☆

夏　白い花

花のサイズ

約10cm

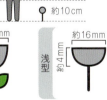

単花　約16mm
浅型　約16mm／約4mm

花の色

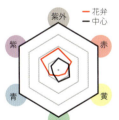

花弁／中心
紫外・紫・青・緑・黄・赤

香りの好み

ミツバチ／ハナバチ／ハナアブ・ハエ

蜜量と糖度

蜜量	採取できず	★★★★★
糖度	採取できず	★★★★★
養蜂での評価		★★★★★

花粉のサイズと数

1粒体積	約1.5万μm³	★★★★★
花粉数	約1.1万個	★★★★★
養蜂での評価		★★★★★

167

バジル

シソ科 メボウキ属

- 区分　作物
- 開花期　7〜9月
- 年生　1年草

高糖度の蜜をたくさん出すシソの仲間

茎を囲んで6つの花が咲く。マルハナバチやミツバチ、中型ハナバチが頻繁に訪花する。人が食用にするのはおもにスイートバジルだが、近年ガパオ（バジルのこと）ライスの食材でもあるホーリーバジルが蜜源植物、天敵温存植物として期待されている。

夏 / 白い花

おもな訪花昆虫

ミツバチ類	★★☆
マルハナバチ類	★★★
小型ハナバチ類	★★☆
ハナアブ・ハエ類	★☆☆

コハナバチの一種

トラマルハナバチ

花のサイズ

高さ 約40cm（中）

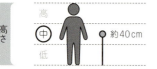
集合花序 約30mm / 約30mm

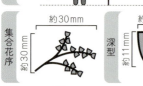
深型 約10mm / 約11mm

花の色

紫外・赤・黄・緑・青・紫

香りの好み

ミツバチ・ハナバチ・ハナアブハエ

蜜量と糖度

蜜量	約0.2μL	★★☆☆☆
糖度	約59%	★★★★☆
養蜂での評価		★★☆☆☆

花粉のサイズと数

1粒体積	約12万μm³	★★★★★
花粉数	約3,300個	★★☆☆☆
養蜂での評価		★★☆☆☆

ピーマン

ナス科 トウガラシ属

- 区分　作物
- 開花期　6〜10月
- 年生　1年草

マルハナバチが使われるナス科植物

ナス科は蜜を出さないものが多いが、ピーマンは糖度の低い蜜を出す。花は比較的地味で、必ずしも虫による受粉を必要としないが、マルハナバチなどを使って受粉させることで花落ちしにくくなり、果実の形がよくなるなどの効果が報告されている。

おもな訪花昆虫

ミツバチ類	★☆☆
マルハナバチ類	★★☆
小型ハナバチ類	★☆☆
ハナアブ・ハエ類	★☆☆

夏　白い花

花のサイズ

高さ：中　約70cm
単花：約16mm
中間型：約16mm／約11mm

花の色
花弁／中心／雄しべ
紫外・赤・黄・緑・青・紫

香りの好み
ミツバチ／ハナバチ／ハナアブ・ハエ

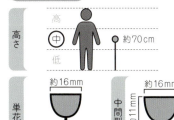

蜜量と糖度

蜜量	約3μL	★★★☆☆
糖度	約14%	★☆☆☆☆
養蜂での評価		★★☆☆☆

花粉のサイズと数

1粒体積	約1.4万μm³	★★☆☆☆
花粉数	約10万個	★★★★☆
養蜂での評価		★★★☆☆

ヒメイワダレソウ

クマツヅラ科 イワダレソウ属

ホシホウジャク

- 区分　　園芸／野生（外来）
- 開花期　5〜9月
- 年生　　多年草

開花期が長いグランドカバー蜜源だけど……

グランドカバーとして使われ、逸出して広がっているのをよく見かける。糖度の高い蜜を出しミツバチをはじめ、多くのハナバチが訪花するが、環境省の「生態系被害防止外来種リスト」に指定されており、適正な管理が必要。よく似たクラピア（P.156）は在来種のイワダレソウの改良種。

シロスジカタコハナバチ

おもな訪花昆虫

ミツバチ類	★★☆
マルハナバチ類	★☆☆
小型ハナバチ類	★★☆
ハナアブ・ハエ類	★★☆

夏 / 白い花

花のサイズ

花の色

香りの好み

蜜量と糖度

蜜量	約0.8μL（花序）	★★☆☆☆
糖度	約59%	★★★★☆
養蜂での評価		★★★★☆

花粉のサイズと数

1粒体積	約7,700μm³	★☆☆☆☆
花粉数	約4.3万個（花序）	★★★☆☆
養蜂での評価		★★★☆☆

170

ヒメジョオン

キク科 ムカシヨモギ属

- 区分　野生（外来）
- 開花期　6〜9月
- 年生　1年草

ハルジオンより開花期が遅い

多くの昆虫が訪れる。ハルジオン（P.83）によく似るが葉の根元が細く茎が中空でないことなどで区別できる。筒状の花は細くガラス管による蜜の採取は不可能。「生態系被害防止外来種リスト」に指定されている。

ヒラタアブの一種

おもな訪花昆虫

ミツバチ類	★★☆
マルハナバチ類	★☆☆
小型ハナバチ類	★★☆
ハナアブ・ハエ類	★★★

夏 / 白い花

花のサイズ

高さ　中　約60cm

頭状花序　約17mm／約7mm
深型　1mm以下／約3mm

花の色

花弁／中心
紫外・赤・黄・緑・青・紫

香りの好み

ミツバチ／ハナバチ／ハナアブ・ハエ

蜜量と糖度

蜜量	採取できず	★☆☆☆☆
糖度	採取できず	★☆☆☆☆
養蜂での評価		★☆☆☆☆

花粉のサイズと数

1粒体積	約5,700 μm^3	★☆☆☆☆
花粉数	約16万個（花序）	★★★★☆
養蜂での評価		★★★★☆

ヒメムカシヨモギ

キク科 ムカシヨモギ属

- 区分　　野生（外来）
- 開花期　8〜9月
- 年生　　1年草

白い花弁のあるなしで近縁種と見分ける

道端や荒れ地でよく見られる。オオアレチノギクとよく似ているが、オオアレチノギクは白い花弁（舌状花）が見えないのに対し、ヒメムカシヨモギは白い花弁を持つ。蜜は採取できず、少ないか出していないと思われる。ときどきカリバチが訪れる。

おもな訪花昆虫

ミツバチ類	★☆☆
マルハナバチ類	★☆☆
小型ハナバチ類	★☆☆
ハナアブ・ハエ類	★★☆

夏 / 白い花

花のサイズ

頭状花序　約3mm／約5mm

深型　1mm以下／約4mm

花の色

香りの好み

蜜量と糖度

蜜量	採取できず	☆☆☆☆☆
糖度	採取できず	☆☆☆☆☆
養蜂での評価		☆☆☆☆☆

花粉のサイズと数

1粒体積	約3,700 μm³	★☆☆☆☆
花粉数	約7,000個（花序）	★★☆☆☆
養蜂での評価		☆☆☆☆☆

ヒヨドリバナ

キク科 ヒヨドリバナ属

- 区分　野生（在来）
- 開花期　8〜10月
- 年生　多年草

受粉が必要な株と不要な株の2タイプがある

チョウやハナアブなど多くの昆虫が集まるが、受粉不要で種子をつけるタイプもある。5つの小花が集まり、それがさらに多数集まった集合花。本種を含むヒヨドリバナ属の蜜にはアルカロイド系の毒が含まれるがアサギマダラの雄は好んで吸蜜する。

コガネムシの一種

おもな訪花昆虫

ミツバチ類	★★☆
マルハナバチ類	★☆☆
小型ハナバチ類	★☆☆
ハナアブ・ハエ類	★★☆

夏　白い花

花のサイズ

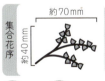
高さ 約90cm

集合花序 約70mm／約40mm　深型 約5mm／約11mm

花の色

NoData

香りの好み

ミツバチ／ハナアブ ハエ／ハナバチ

蜜量と糖度

蜜量	採取できず	★☆☆☆☆
糖度	採取できず	★☆☆☆☆
養蜂での評価		★☆☆☆☆

花粉のサイズと数

1粒体積	約7,400 μm³	★☆☆☆☆
花粉数	約1.3万個	★★★☆☆
養蜂での評価		★☆☆☆☆

173

ヘクソカズラ

アカネ科 ヘクソカズラ属

- 区分　野生（在来）
- 開花期　7～9月
- 年生　多年草

傷つけると臭いが、つぼみはかわいい

花の内部に細かい毛が密生していて、雄しべはその花の奥のほうにある。花を引き抜いた切れ目に向かって花をしごくと蜜がとりやすい。昼行性のスズメガ、ホシホウジャクやホシヒメホウジャクの幼虫の食草でもある。

盗蜜する キムネクマバチ

クマバチのあけた穴から吸蜜する コアオハナムグリ

夏 / 白い花

おもな訪花昆虫

ミツバチ類	★☆☆
マルハナバチ類	★★☆
小型ハナバチ類	★☆☆
ハナアブ・ハエ類	☆☆☆

花のサイズ

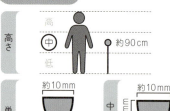

高さ：中　約90cm
単花：約10mm
中間型：約10mm／約9mm

花の色

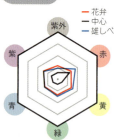

花弁／中心／雄しべ
紫外・紫・青・緑・黄・赤

香りの好み

ミツバチ／ハナバチ／ハナアブ・ハエ

蜜量と糖度

蜜量	約0.5μL	★★☆☆☆
糖度	約42%	★★★☆☆
養蜂での評価		★★☆☆☆

花粉のサイズと数

1粒体積	約2.1万μm³	★★☆☆☆
花粉数	約5,700個	★★☆☆☆
養蜂での評価		★★☆☆☆

マメアサガオ

ヒルガオ科 サツマイモ属

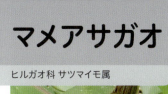

- 区分　野生（外来）
- 開花期　8〜9月
- 年生　1年草

自家受粉するミニチュアの朝顔

道端や荒れ地で普通に見られる。香りはハナアブ・ハエ類好み。自家受粉する。花粉はまん丸で表面はトゲトゲだらけ。五角形の花だが、雨に濡れると花弁が5枚に裂ける系統がある（写真）。サツマイモの仲間だが食べられない。

おもな訪花昆虫

ミツバチ類	★★☆
マルハナバチ類	★★☆
小型ハナバチ類	★★☆
ハナアブ・ハエ類	★☆☆

花粉

夏　白い花

花のサイズ

高さ　中　約30cm

単花　約15mm
深型　約15mm / 約19mm

花の色

紫外・赤・黄・緑・青・紫

香りの好み

ミツバチ・ハナバチ・ハナアブハエ

蜜量と糖度

蜜量	約0.6μL	★★☆☆☆
糖度	約30%	★★☆☆☆
養蜂での評価		☆☆☆☆☆

花粉のサイズと数

1粒体積	約38万μm^3	★★★★★
花粉数	約1,100個	★★☆☆☆
養蜂での評価		☆☆☆☆☆

メドハギ

マメ科 ハギ属

- 区分　　野生（在来）
- 開花期　8〜10月
- 年生　　多年草

花を開かず受粉する閉鎖花もつける

荒れ地や河川敷などで普通に見られる。直立した姿が印象的で、中心部が紫色の白い花をたくさんつける。蜜は少ないが糖度はとても高い。キタキチョウの幼虫がメドハギの葉を好んで食べる。緑化用に種子の販売もされている。

ヤマトシジミ

蜜

おもな訪花昆虫

ミツバチ類	★★☆
マルハナバチ類	★★★
小型ハナバチ類	★★☆
ハナアブ・ハエ類	★☆☆

夏／白い花

花のサイズ

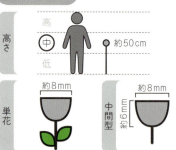

約50cm
約8mm 単花
約8mm 約6mm 中間型

花の色

花弁（大）／花弁（小）／雄しべ
紫外・赤・黄・緑・青・紫

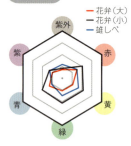

香りの好み

ミツバチ／ハナバチ／ハナアブ・ハエ

蜜量と糖度

蜜量	0.1μL未満	★☆☆☆☆
糖度	約83%	★★★★★
養蜂での評価		★★★☆☆

花粉のサイズと数

1粒体積	約1.5万μm³	★★☆☆☆
花粉数	約1,300個	★★☆☆☆
養蜂での評価		☆☆☆☆☆

ヤマユリ

ユリ科 ユリ属

- ● 区分　　野生（在来）
- ● 開花期　7〜8月
- ● 年生　　多年草

山林にひときわ目立つ日本在来の大きなユリ

人の背丈ぐらいになることもあり、20cmほどの巨大な花を咲かせ、強く甘い香りを放つ。昼間はチョウ、夜はスズメガが訪花し受粉に貢献する。「里山の宝石」と呼ばれる野生植物だが観賞用に栽培もされる。鱗茎はゆり根として食用される。

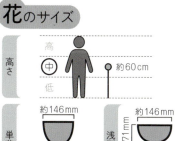

シロテンハナムグリ

おもな訪花昆虫

ミツバチ類	★☆☆
マルハナバチ類	★★☆
小型ハナバチ類	★★☆
ハナアブ・ハエ類	★★☆

夏　白い花

花のサイズ

高さ：中　約60cm

単花：約146mm

浅型：約146mm／約71mm

花の色

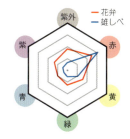

花弁／雄しべ
紫外・紫・青・緑・黄・赤

香りの好み

ミツバチ／ハナバチ／ハナアブ・ハエ
NoData

蜜量と糖度

蜜量	NoData	☆☆☆☆☆
糖度	NoData	☆☆☆☆☆
養蜂での評価		☆☆☆☆☆

花粉のサイズと数

1粒体積	NoData	☆☆☆☆☆
花粉数	NoData	☆☆☆☆☆
養蜂での評価		★☆☆☆☆

177

ワルナスビ

ナス科 ナス属

- 区分　野生（外来）
- 開花期　7〜8月
- 年生　多年草

触ると痛いし駆除が困難な悪者ナスビ

葉や茎に鋭いトゲがあり痛い。雌しべが長い花と短い花がある。黄色い実がなるが、ソラニンという毒性物質を含み食べられない。ほかのナス属と同じく蜜は出さない。マルハナバチや花粉食の昆虫がときおり訪花する。

おもな訪花昆虫

ミツバチ類	★☆☆
マルハナバチ類	★★☆
小型ハナバチ類	★☆☆
ハナアブ・ハエ類	★★☆

夏　白い花

花のサイズ

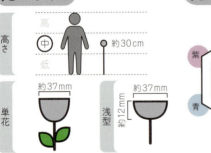

高さ 約30cm
単花 約37mm
浅型 約37mm / 約12mm

花の色

花弁／雄しべ

香りの好み

ミツバチ／ハナアブ・ハエ／ハナバチ

蜜量と糖度

蜜量	採取できず	★☆☆☆☆
糖度	採取できず	★☆☆☆☆
養蜂での評価		★☆☆☆☆

花粉のサイズと数

1粒体積	約8,900 μm^3	★☆☆☆☆
花粉数	約31万個	★★★★☆
養蜂での評価		★☆☆☆☆

アオビユ

ヒユ科 ヒユ属

- 区分　　野生（外来）
- 開花期　7〜11月
- 年生　　1年草

かわいい花粉をたくさん出す風媒花

畑、道端、空き地などに生える。ヒユ類の中でもっとも大型。小さな花がたくさんついた花穂は緑色で褐色に変化する。小さなかわいい花粉を多く出す風媒花。イヌビユと似ているが、アオビユは葉の先のへこみが小さいことで区別できる。

アリの一種

花粉

おもな訪花昆虫

ミツバチ類	★☆☆
マルハナバチ類	★☆☆
小型ハナバチ類	★☆☆
ハナアブ・ハエ類	★☆☆

夏　緑色の花

花のサイズ

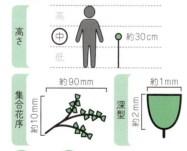

高さ：約30cm（中）
集合花序：約90mm／約10mm
深型：約1mm／約2mm

花の色

NoData

香りの好み

NoData

蜜量と糖度

蜜量	採取できず	☆☆☆☆☆
糖度	採取できず	☆☆☆☆☆
養蜂での評価		☆☆☆☆☆

花粉のサイズと数

1粒体積	約3,200 μm^3	★☆☆☆☆
花粉数	約37万個	★★★★☆
養蜂での評価		☆☆☆☆☆

179

ウマノスズクサ

ウマノスズクサ科 ウマノスズクサ属

- 区分　　野生（在来）
- 開花期　6〜8月
- 年生　　多年草

ハエが好む匂いで誘引する変な形の花

ラッパのような長い花筒の奥に小部屋があり、小さなハエが潜り込むと出られなくなる。小部屋の中の雌花が受粉すると雄しべが開いて花粉をハエにつける。同時に入口の毛が抜けるので、ハエは外に出られるようになる。葉はジャコウアゲハの幼虫が食べる。

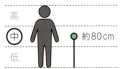

閉じ込められていたクロバエの一種

おもな訪花昆虫

ミツバチ類	★☆☆
マルハナバチ類	★☆☆
小型ハナバチ類	★☆☆
ハナアブ・ハエ類	★★★

夏　緑色の花

花のサイズ

約80cm

単花 約15mm
深型 約15mm / 約19mm

花の色

香りの好み

蜜量と糖度

蜜量	採取できず	★★★★★
糖度	採取できず	★★★★★
養蜂での評価		★★★★★

花粉のサイズと数

1粒体積	NoData	★★★★★
花粉数	NoData	★★★★★
養蜂での評価		★★★★★

エビヅル

ブドウ科 ブドウ属

- 区分　　野生（在来）
- 開花期　6〜8月
- 年生　　木本

雌雄異株の在来野生ブドウ

近縁のノブドウ（P.184）は酸味と渋みが強く食べられないが、エビヅルは食用可能。ブドウ（P.186）は両性花だが、エビヅルは雌雄異株。そのため雄花から雌花に花粉を運んでもらう必要がある。花の香りは強く、しっとりとした甘い香りがする。

おもな訪花昆虫

ミツバチ類	★★☆
マルハナバチ類	★★☆
小型ハナバチ類	★★☆
ハナアブ・ハエ類	★★☆

夏　緑色の花

花のサイズ

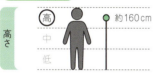

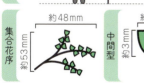

花の色

香りの好み

蜜量と糖度

蜜量	採取できず	★☆☆☆☆
糖度	採取できず	★☆☆☆☆
養蜂での評価		★☆☆☆☆

花粉のサイズと数

1粒体積	約 6,300 μm³	★☆☆☆☆
花粉数	約 1.1 万個	★★★☆☆
養蜂での評価		★☆☆☆☆

カナムグラ

アサ科 カラハナソウ属

- 区分　　野生（在来）
- 開花期　8〜10月
- 年生　　1年草

ミツバチたちの花粉源になる風媒花

つる性でトゲがあり、軽装で除草しようとすると傷だらけになって厄介な草。風媒花で花粉症の原因の一つだが、夏から秋にミツバチが盛んに訪花して花粉を集めている姿を見かける。チョウの一種であるキタテハの食草。

おもな訪花昆虫

ミツバチ類	★★☆
マルハナバチ類	★☆☆
小型ハナバチ類	★★☆
ハナアブ・ハエ類	★☆☆

夏 / 緑色の花

花のサイズ

高さ：中　約50cm
集合花序：約130mm／約180mm
浅型：約6mm／約2mm

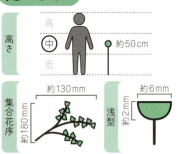

花の色

花弁／雄しべ／花粉

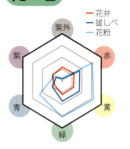

香りの好み

蜜量と糖度

蜜量	採取できず	★☆☆☆☆
糖度	採取できず	★☆☆☆☆
養蜂での評価		★☆☆☆☆

花粉のサイズと数

1粒体積	約1.3万μm³	★★☆☆☆
花粉数	約14万個	★★★☆☆
養蜂での評価		★★★☆☆

182

シロザ

ヒユ科 アカザ属

セイヨウミツバチ

- 区分　　野生（在来）
- 開花期　8〜10月
- 年生　　1年草

畑に普通に生える風媒花

畑や空き地でよく見られる。風媒花で花粉症の原因になっているが、夏の終わりにほかの花が少なくなると、ミツバチなど花粉を利用する昆虫が訪れる。緑の花を多数つけ、花粉を大量につくる。中央アジアでは葉を食用にする。同じヒユ科のホウレンソウと似た味だが少し苦い。

おもな訪花昆虫	
ミツバチ類	★★☆
マルハナバチ類	☆☆☆
小型ハナバチ類	★☆☆
ハナアブ・ハエ類	★☆☆

夏　緑色の花

花のサイズ

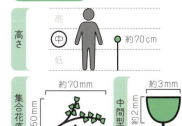
高さ：中　約70cm
集合花序　約70mm　約50mm
中間型　約3mm　約2mm

花の色

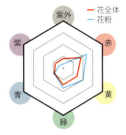
── 花全体
── 花粉

香りの好み

蜜量と糖度

蜜量	採取できず	☆☆☆☆☆
糖度	採取できず	☆☆☆☆☆
養蜂での評価		☆☆☆☆☆

花粉のサイズと数

1粒体積	約1万μm³	★☆☆☆☆
花粉数	約60万個（花序）	★★★★☆
養蜂での評価		★★☆☆☆

183

ノブドウ

ブドウ科 ノブドウ属

- 区分　　野生（在来）
- 開花期　7〜8月
- 年生　　木本

花弁は早く脱落して蜜を生産

ブドウ（P.186）の仲間だが食べられない。ヤブガラシ（P.187）に似たテーブル型の花で、ミツバチだけでなくアシナガバチやスズメバチなども蜜を求めて訪花する。有力な蜜源植物として認識されている。雄しべが雌しべよりも早く成熟し、雌雄のタイミングをずらして自家交配を防ぐ。

花粉

おもな訪花昆虫

ミツバチ類	★★★
マルハナバチ類	★★★
小型ハナバチ類	★★★
ハナアブ・ハエ類	★★★

夏 / 緑色の花

花のサイズ

約80cm
約28mm
約17mm
テーブル型花序
中間型
約2mm

花の色

紫外／赤／黄／緑／青／紫

香りの好み

ミツバチ／ハナバチ／ハナアブ・ハエ
NoData

蜜量と糖度

蜜量	約0.2μL	★★☆☆☆
糖度	約59%	★★★★☆
養蜂での評価		★★★☆☆

花粉のサイズと数

1粒体積	約5.5万μm³	★★★★☆
花粉数	約3,000個	★★☆☆☆
養蜂での評価		★★★★☆

ヒカゲイノコヅチ

ヒユ科 イノコヅチ属

- 区分　　野生（在来）
- 開花期　8〜9月
- 年生　　多年草

風媒花でもハナバチに人気

風媒花で小さな花粉を大量につくる。花は目立たないがミツバチ含めさまざまなハナバチが訪れて花粉を集めている。蜜は少量あると思われるが採取できず。ヒナタノイノコヅチとは別種ではなく変種とすることが多い。生薬の牛膝（ゴシツ）。

おもな訪花昆虫

ミツバチ類	★★☆
マルハナバチ類	★★☆
小型ハナバチ類	★★☆
ハナアブ・ハエ類	★★☆

夏　緑色の花

花のサイズ

高さ：中　約50cm

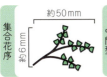
集合花序 約50mm 約6cm

中間型 約3mm

花の色

NoData

香りの好み

ミツバチ／ハナバチ／ハナアブ・ハエ

蜜量と糖度

蜜量	採取できず	★☆☆☆☆
糖度	採取できず	★☆☆☆☆
養蜂での評価		★☆☆☆☆

花粉のサイズと数

1粒体積	約2,500 μm^3	★☆☆☆☆
花粉数	約44万個（花序）	★★★★☆
養蜂での評価		★☆☆☆☆

ブドウ

ブドウ科 ブドウ属

- 区分　　作物
- 開花期　5〜6月
- 年生　　木本

果物では珍しく、虫に頼らず実をつける

蜜はなく、自身の花粉で結実する自家和合性。さらに風媒花といわれているが、かすかに甘い香りがあり、ミツバチ、ハナバチ、ハエが訪花する。花の季節には花粉を食べるアザミウマやそれを食べる天敵昆虫、クモなども増え、ブドウ園全体の生物多様性が高くなる。

おもな訪花昆虫

ミツバチ類	★☆☆
マルハナバチ類	★☆☆
小型ハナバチ類	★☆☆
ハナアブ・ハエ類	★★☆

花のサイズ

高さ 約130cm
集合花序 約40mm / 約25mm
中間型 約2mm / 約2mm

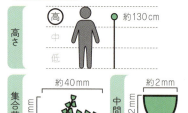

花の色

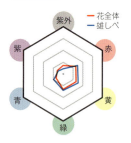

香りの好み

蜜量と糖度

蜜量	採取できず	★☆☆☆☆
糖度	採取できず	★☆☆☆☆
養蜂での評価		★☆☆☆☆

花粉のサイズと数

1粒体積	約6,600 μm³	★☆☆☆☆
花粉数	約1.7万個	★★★☆☆
養蜂での評価		★☆☆☆☆

夏　緑色の花

ヤブガラシ

ブドウ科 ヤブガラシ属

- 区分　　野生（在来）
- 開花期　6〜9月
- 年生　　多年草

蜜が豊富な小さな皿状の花で虫を惹きつける

夏の雑草の代表格で常に駆除対象だが、成長も早くなかなかしぶとい。テーブル状の集合花をよく見ると小さな花に蜜が露出しており、ミツバチをはじめスズメバチなど多様な昆虫が利用する。蜜は非常に粘度が高く、細いガラス管では吸い上げにくいほど。

カリバチの一種

コガタスズメバチ

蜜

おもな訪花昆虫

ミツバチ類	★★☆
マルハナバチ類	★☆☆
小型ハナバチ類	★★☆
ハナアブ・ハエ類	★★★

夏　緑色の花

花のサイズ

約120cm

高さ：高/中/低

テーブル型花序　約87mm／約89mm

中間型　約3mm／約3mm

花の色

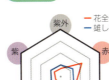

― 花全体
― 雄しべ

紫外／赤／黄／緑／青／紫

香りの好み

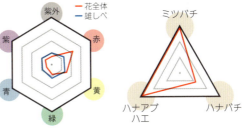

ミツバチ／ハナバチ／ハナアブハエ

蜜量と糖度

蜜量	約1μL	★★★☆☆
糖度	約74%	★★★★★
養蜂での評価		★★★☆☆

花粉のサイズと数

1粒体積	約2.6万μm³	★★★★☆
花粉数	約3,400個	★☆☆☆☆
養蜂での評価		★★★★☆

イヌコウジュ

シソ科 イヌコウジュ属

- 区分　　野生（在来）
- 開花期　9〜10月
- 年生　　1年草

シソ科らしい姿かたちの在来植物

淡いピンクの花が順に茎の先の花穂に咲く。上唇と下唇のあるシソ科らしい花で、上下に2対ある雄しべのうち、上2つは葯がある完全雄しべだが、下2つは葯のない不完全雄しべ。葉や茎は独特の香りがする。ヒメジソとよく似る。

ヤマトシジミ

おもな訪花昆虫

ミツバチ類	★☆☆
マルハナバチ類	★☆☆
小型ハナバチ類	★☆☆
ハナアブ・ハエ類	★☆☆

花のサイズ

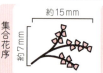

花の色

香りの好み

蜜量と糖度

蜜量	0.1μL 未満	★☆☆☆☆
糖度	約30%	★★☆☆☆
養蜂での評価		★★★★☆

花粉のサイズと数

1粒体積	約1.5万μm³	★★☆☆☆
花粉数	約900個	★☆☆☆☆
養蜂での評価		★★★★★

秋 / ピンク・赤・紫・青の花

コスモス

キク科 コスモス属

トラマルハナバチ

- 区分　　園芸
- 開花期　6〜11月
- 年生　　1年草

蜜も花粉も景観づくりもいける優秀な花

景観植物として植えられるが、蜜源としても花粉源としても優秀で、ミツバチをはじめ、ハナバチ、ハエやハナアブ類が多く訪れる。育てやすく種子も安いので、休耕地などで利用しやすい。

花粉

おもな訪花昆虫

ミツバチ類	★★☆
マルハナバチ類	★★☆
小型ハナバチ類	★★☆
ハナアブ・ハエ類	★★★

花のサイズ

高さ　約50cm

頭状花序　約71mm　約17mm
深型　約2mm　約8mm

花の色

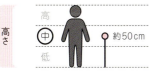
紫外・赤・黄・緑・青・紫　ピンク

香りの好み

ミツバチ・ハナバチ・ハナアブ／ハエ

秋　ピンク・赤・紫・青の花

蜜量と糖度

蜜量	約4μL（花序）	★★★☆☆
糖度	約31％	★★☆☆☆
養蜂での評価		★★★☆☆

花粉のサイズと数

1粒体積	約1.3万μm³	★★☆☆☆
花粉数	約148万個（花序）	★★★★★
養蜂での評価		★★★★☆

189

ヌスビトハギ

マメ科 ヌスビトハギ属

- 区分　　野生（在来）
- 開花期　7〜9月
- 年生　　多年草

**花は可憐だが、種子は
ひっつき虫の秋の花**

ミツバチやハナバチが好む香りで、秋にミツバチや中型のハナバチが訪花する。土手や空き地でよく見かけるのはほとんどが外来種のアレチヌスビトハギで、在来種のヌスビトハギよりも多くの花が咲く。

おもな訪花昆虫

ミツバチ類	★★☆
マルハナバチ類	★★☆
小型ハナバチ類	★★☆
ハナアブ・ハエ類	★☆☆

秋　ピンク・赤・紫・青の花

花のサイズ

花の色

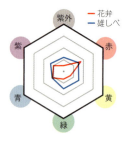

香りの好み

蜜量と糖度

蜜量	0.1μL 未満	★☆☆☆☆
糖度	約10 %	★☆☆☆☆
養蜂での評価		★☆☆☆☆

花粉のサイズと数

1粒体積	NoData	☆☆☆☆☆
花粉数	NoData	☆☆☆☆☆
養蜂での評価		★★★★☆

ヒメツルソバ

タデ科 イヌタデ属

- 区分　　園芸
- 開花期　7〜11月
- 年生　　多年草

蜜源になるグランドカバーだが逸出に注意

庭のグランドカバーなどで人気の多年草だが水路脇や河川敷などで野生化している。蜜や花粉は意外と多く、晩秋のかなり寒い時期まで咲いているのでミツバチやチョウなどさまざまな虫が利用する。「生態系被害防止外来種リスト」掲載種。

ニホンミツバチ

おもな訪花昆虫

ミツバチ類	★★☆
マルハナバチ類	★★☆
小型ハナバチ類	★★☆
ハナアブ・ハエ類	★★☆

花のサイズ

高さ 約10cm
頭状花序 約10mm / 約9mm
深型 約2mm / 約3mm

花の色

香りの好み

蜜量と糖度

蜜量	約4μL（花序）	★★★☆☆
糖度	約31%	★★☆☆☆
養蜂での評価		★★☆☆☆

花粉のサイズと数

1粒体積	約2.7万μm³	★★★☆☆
花粉数	約1.2万個（花序）	★★★☆☆
養蜂での評価		☆☆☆☆☆

秋　ピンク・赤・紫・青の花

191

ヨモギ

キク科 ヨモギ属

- 区分　　野生（在来）
- 開花期　9〜10月
- 年生　　多年草

キク科では珍しい風媒花の変わりダネ

虫媒花ばかりのキク科において数少ない風媒花だが、虫も訪花する。花蜜は分泌せず、少し下向きの花から花粉を放出。ミツバチは花粉を利用し、養蜂における花粉源植物としても評価されている。

おもな訪花昆虫

ミツバチ類	★★☆
マルハナバチ類	★★☆
小型ハナバチ類	★☆☆
ハナアブ・ハエ類	★★☆

花のサイズ
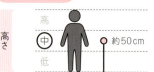
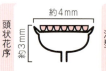

花の色

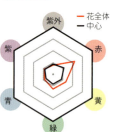

香りの好み

蜜量と糖度

蜜量	採取できず	★☆☆☆☆
糖度	採取できず	★☆☆☆☆
養蜂での評価		★★☆☆☆

花粉のサイズと数

1粒体積	約8,200μm³	★☆☆☆☆
花粉数	約6.1万個（花序）	★★★☆☆
養蜂での評価		★★★★☆

秋　ピンク・赤・紫・青の花

セイタカアワダチソウ

キク科 アキノキリンソウ属

ハナアブの一種

- 区分　　野生（外来）
- 開花期　10〜11月
- 年生　　多年草

越冬前の秋の大きな蜜源で花粉源

晩秋まで多くの蜜と花粉を出すので、さまざまな昆虫が訪れる。ミツバチにとっては越冬用に貯蔵するハチミツになるが、納豆のような独特の香りがあるため人にはあまり好まれない。天敵昆虫のヒメハナカメムシはここで繁殖し、越冬する。「生態系被害防止外来種リスト」に指定されている。

ヤドリバエの一種

セイヨウミツバチ

ヒラタアブの一種

おもな訪花昆虫

ミツバチ類	★★★
マルハナバチ類	★★☆
小型ハナバチ類	★★☆
ハナアブ・ハエ類	★★★

花のサイズ

高さ：高／中／低　約90cm

集合花序 約80mm／約70mm
深型 約3mm／約4mm

花の色

— 花弁　— 雄しべ
紫外／紫／青／緑／黄／赤

香りの好み

ミツバチ／ハナバチ／ハナアブ・ハエ

秋 黄色・オレンジ色の花

蜜量と糖度

蜜量	0.1μL未満	★☆☆☆☆
糖度	約52%	★★★★☆
養蜂での評価		★★★★★

花粉のサイズと数

1粒体積	約5,500μm³	★☆☆☆☆
花粉数	約1.5万個（頭状花序）	★★★★☆
養蜂での評価		★★★★★

ノースポール

キク科 フランスギク属

ヒメマルカツオブシムシ

ヒメハナバチの一種

- 区分　園芸
- 開花期　11〜5月
- 年生　1年草

真冬の蜜源・花粉源で育てやすい

小花一つ一つには極々わずかな蜜しかないが、集合花としてはある程度の蜜量になる。開花期間は長く、真冬に咲くため、冬の蜜源・花粉源として期待される。

おもな訪花昆虫

ミツバチ類	★☆☆
マルハナバチ類	★☆☆
小型ハナバチ類	★☆☆
ハナアブ・ハエ類	★☆☆

花のサイズ

高さ 約20cm
頭状花序 約30mm／約7mm
深型 約1mm／約5mm

花の色

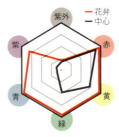

— 花弁
— 中心

紫外／赤／黄／緑／青／紫

香りの好み

ミツバチ／ハナバチ／ハナアブ ハエ

蜜量と糖度

蜜量	約2μL（花序）	★★★☆☆
糖度	約89%	★★★★★
養蜂での評価		★★☆☆☆

花粉のサイズと数

1粒体積	約9,100μm³	★☆☆☆☆
花粉数	約52万個（花序）	★★★★☆
養蜂での評価		★★☆☆☆

冬　白い花

194

column #3

蜜は日々刻々と変化する

　植物がつくる蜜の量と糖度は天気によって大きく変化します。湿度が高いと蜜の量は増えますが糖度は低くなります。一方、暑く乾燥すると蜜の量は減り糖度が高くなります。蜜の採取方法を模索していた頃、虫が訪れないように油紙の袋で花を包んだところ、袋の中の湿度が高くなり、うすい蜜が大量に出て失敗したこともありました。それ以降は網の袋を使い、晴れの日に調査していますが、天気の影響は少なからず受けているようです。

　蜜は時刻によっても変化します。花の寿命が1日しかないカボチャ（P.126）を例に見てみましょう。カボチャは早朝に花が咲いて、真夏だと昼までにしぼんでしまいます。農家さんは受粉に適した朝一番に人工授粉を行ないます。受粉に貢献するミツバチやトラマルハナバチも夜明けから9時頃までに多く訪花します。では蜜はいつ出ているのでしょうか。夜明け前から調べたところ、虫がもっとも多く訪れる8時前後に蜜の量も糖度も高くなり（図1）、蜜の生産と虫の訪花がシンクロしていました。

　ではさらに長く咲く花ではどうでしょうか。1週間程咲いているナシ（P.76）で調べてみました。受粉用に導入されるセイヨウミツバチにとって、糖度が低く量も少ないナシの蜜は魅力がないといわれています。花を観察してみると、開花0日目はまだ葯が開いておらず、2日目にかけて葯が全開し、3日目には雌しべの柱頭が変色し始め、4日目には花びらが散り始めます（写真）。これに対し、蜜の量は1～2日目に最大（図2）、糖度も同じく2日目に最高になり、花の状態とよく一致していました。

　天気や時刻以外にも、植物の樹齢や生理状態によっても蜜の量は変化しますが、総じて、植物は花粉がもっとも多くなったり、雌しべが花粉を受け入れやすいタイミングで蜜を出していると考えられます。　（前田太郎）

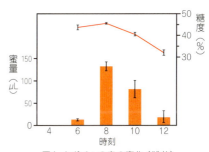
図1　カボチャの蜜の変化（雌花）

写真　ナシの花の変化（幸水）

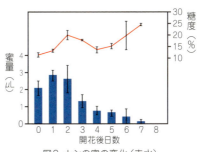
図2　ナシの蜜の変化（幸水）

※5日目以降、糖度が上昇しているが、蜜の量が少なくデータのばらつきも大きいため、あまり当てにならない。

受粉を担う昆虫の現状とこれから

ハナバチなど植物の受粉を担う昆虫（送粉昆虫／花粉媒介昆虫）は、生態系を支えるためになくてはならない存在です。受粉を必要とする植物種のうち87.5％は、昆虫などの生き物によって花粉を運んでもらっています[1]。人類もまた農作物の受粉という恩恵（送粉サービス）を受けています。農業において受粉を担う昆虫が果たす役割について、世界的な現状とこれから私たちが何を考え行動していくべきか提案したいと思います。

※「1）」など上付き数字は参考文献の番号です（P.203）

食料生産を支える昆虫たち

■食卓の3分の1は昆虫たちのおかげ

おもな農作物の75％は昆虫などによる受粉を必要としていて、その生産量は農作物全体の約35％にあたります[2]。つまり食卓の3分の1は花粉を運ぶ昆虫などの働きによって得られているわけです。主食となる米、小麦などは昆虫による受粉を必要としませんが、リンゴやナシ、スイカ、カボチャなどの果物や野菜は昆虫が花粉を運ばないと実をつけません。ネギやコマツナなどは葉を食べるので昆虫による受粉は必要なさそうですが、種子をつくるためには昆虫が必要です。また牛のえさとなるアルファルファなどの牧草や、レンゲなど土を肥沃にするための緑肥植物も昆虫による受粉を必要とします。イギリスのスーパーマーケットが、受粉を担う昆虫がいないと成り立たない商品を店頭から外してみると、残ったのは半分だったという驚きの結果も報告されています[3]。

スーパーマーケットの動画

■受粉のために導入される昆虫たち

農業を支える昆虫としてもっとも知られているのはセイヨウミツバチです。セイヨウミツバチは世界で9,400万群が飼育され[4]、受粉が必要な作物の多くで利用されています。これだけたくさん利用されているのは、セイヨウミツバチがさまざまな環境で多種多様な花を積極的に訪れること、家畜化されてその数を人がコントロールし、巣箱で移動できるようになったことが大きな要因です。このように人が飼育して受粉に利用される昆虫は、ナスやトマトなどで利用されるマルハナバチ、リンゴ園で活躍するマメコバチ、イチゴやマンゴーの受粉を助けるヒロズキンバエ（商品名ビーフライ）などがあります。海外ではハキリバチやハリナシバチ、コハナバチも飼育されて利用されています。

■受粉を担う昆虫たちの経済的価値

　日本の農業における受粉の大切さをお金に換算して計算すると、1年間に約6,700億円にもなります[5]。この値は豚の総生産額よりも少し多いぐらいです。このうち施設栽培では受粉用に導入されるセイヨウミツバチの貢献額が約1,500億円、マルハナバチの貢献額が約500億円となっています。一方、露地栽培では受粉用セイヨウミツバチの貢献額が約300億円で、それ以外の貢献額が3,400億円を超えています。この3,400億円の大部分を野生のハナバチなどの昆虫が担っていると考えられており、野生の昆虫の貢献がとても大きいことがわかります。

■農業を影で支える野生の昆虫たち

　日本の農業を支えている野生の昆虫について、リンゴ、ナシ、ウメ、カキ、カボチャ、ニガウリを対象に調査したところ、多くのハナバチ類をはじめツチバチ類、ハナアブ類、ハエ類などがこれらの作物の受粉に貢献していることがわかってきました[6]。

197

受粉を担う昆虫たちが直面する危機

世界的に減少する昆虫

世界的な昆虫の減少を危惧する報告は年々増えています。その報告の多くはヨーロッパやアメリカを中心にした調査にもとづいており、これから数十年の間に40％もの昆虫が絶滅するという推定もあります[7]。

野生に暮らす昆虫類の生活を脅かす要因として、農地が大規模化・均一化されたこと、草地や森林などの土地が開発されて虫たちの生息に適した場所が減り分断化されたこと、農薬がたくさん使われるようになったこと、新たな病気や寄生者や競争者が海外から入ってきたこと、気候が大きく変わってきたことなど、たくさんのことが重なり合って影響していると考えられています。

受粉に役立つ昆虫もほかの虫たちと同じように減少し、絶滅する種が増えています。たとえばハナバチ類では半数近くが減少傾向にあるといわれています[8]。その原因のひとつが、花資源の減少です。単一の作物が大面積で栽培されるようになると、以前は畑の周りにあった野生植物の生える場所がなくなります。花を利用する昆虫にとって、作物の花以外の花資源がない環境は"食の砂漠（Food deserts）"といわれます。畑の周りの野原など少しひらけた場所に巣をつくるハナバチにとっては、子どもを育てる場所もなくなってしまいます。また、化学肥料の普及によって、レンゲなど花をつける緑肥植物が栽培されなくなったことも花資源の減少の一要因だと考えられています。

日本の農村の春の風物詩だったレンゲ

じつは増えているセイヨウミツバチ

野生の昆虫にとって厳しい状況の中、じつは世界的に見るとセイヨウミツバチの数は増え続けています[4]。セイヨウミツバチの群数は、人が女王蜂の数をコントロールすることである程度自由に増やすことができます。また花や花粉が少ないときには花蜜の代わりに砂糖水や代用花粉を与えて、群を養うことができます。このためセイヨウミツバチが必要なところでは、人の関与によってミツバチの数は増えているのです。とくにアジアとアフリカでは急速にミツバチ群数は増えていて、これが世界的な増加の要因となっていま

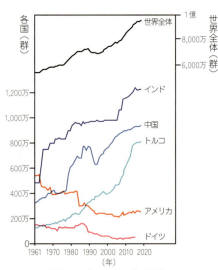

世界のセイヨウミツバチ群数

す。一方、アメリカやドイツなどで1980～1990年代に急激な減少が見られたものの、ヨーロッパやアメリカ全体で見ると2000年代以降横ばい状態が続いています。2000年代はアメリカを中心にミツバチが大量に失踪するCCD（蜂群崩壊症候群：Colony Collapse Disorder）が話題となりましたが、それ以前からミツバチの減少は始まっていました。野生の昆虫が生きづらい環境は、セイヨウミツバチにとっても厳しいに違いありません。しかしそんな中、セイヨウミツバチの数が維持されているのは、養蜂家の努力によるものだといわれます。セイヨウミツバチの値段が上がり続けているのはそれを端的に表わしています。

■農業への影響

野生の昆虫が減っているといわれる中、畑や果樹園では受粉を担う昆虫が足りなくなっているのでしょうか。最新の研究では、ブルーベリーやコーヒー、リンゴなど主要作物の28～61%で受粉不足が起こっているといわれています[9]。また、モンゴルや中国や、日本のリンゴ園とナシ園で人工授粉が行なわれ、セイヨウミツバチが利用されています。より高品質な果実を得るためという理由もありますが、野生昆虫の減少が人工授粉の広まるきっかけといわれています。人工授粉やセイヨウミツバチの使用が一般的になった作物では、受粉を担ってきた野生の昆虫に対する関心が薄れ、野生の昆虫が減ることへの危機感を感じにくくなっているのではないでしょうか。

ナシにおける人工授粉の様子

■増え続ける人口と食糧危機

この50年間で昆虫による受粉を必要とする作物の生産量は300%増加しました。さらに世界の人口は増え続けており、今後30年で20億人の増加が見込まれています。この増え続ける人口を支えるために、農作物の増産とそれを受粉するための昆虫が必要になってきます。しかし現在の状況から考えると、近い将来、受粉を担う昆虫の不足で農産物生産量が減少すると予測されています[10]。いまから対策を始めることで、こんな予測を吹き飛ばせるような未来をつくることができるのではないでしょうか。P.200からはそんな取り組みを紹介します。

花を訪れる昆虫を守るために

受粉を担う野生昆虫の世界的な減少を受けて、野生昆虫保護の大きな機運が国際的に高まっています。アメリカでは2014年ハナバチやチョウなどの保護を目的としたプロジェクトチーム（タスクフォース）が発足し、ヨーロッパでは2020年に「2030年生物多様性戦略」が策定されました。また科学的根拠にもとづいた政策決定を推進するための国際組織IPBESが受粉に役立つ昆虫を取り巻く問題をまとめた報告書を出しています。本書ではもっと身近で明日からできるような取り組みを紹介していきます。

AIで生成したイメージ写真

美しい庭から、生き物を育む庭へ

秩序ある配置が美しいイングリッシュガーデンと自然の美しさを表現した日本庭園、どちらも虫たちのすみやすさはあまり考慮されていません。一方、最近、バタフライガーデン、ワイルドフラワーガーデン、ビーフレンドリーガーデンなど、少し視点を変えたガーデニングを楽しむ取り組みが始まっています。バタフライガーデンはその名のとおり、チョウが好む花をたくさん植えて、チョウを呼び寄せることを目的とした庭づくりです。蜜源となる花だけでなく、幼虫が食べる食草なども植えられます。ワイルドフラワーガーデンはその土地にもともと生えている野生植物の庭で、その地域にすむさまざまな虫や鳥などの生き物がすむことができる、いわば野生の生き物のための庭です。ビーフレンドリーガーデンはハナバチ（Bee）のための庭で、蜜源や花粉源となる花はもちろん、木の穴や筒状の植物に巣をつくるハナバチのために巣場所（ビーホテル）も提供します。このような生き物に優しい庭づくりのガイドブックはイギリスやアメリカでたくさん出版されていて、日本でも「ハナバチに生息地を贈るためのガイドライン」[11]がウェブ上で公開されています。人の目にとって美しいだけでなく、虫たちが蜜や花粉を利用できる花を庭に植えてみることから始めてみてはいかがでしょう。

庭の花を訪れるハナバチ

■田んぼや畑の周りに花を増やす

ヨーロッパやアメリカ大陸の広大な畑にくらべ、日本の畑や田んぼは小さくモザイク状になっているといわれます。また山地が多く、農地のすぐそばに人の手が適度に入った里山があることも特徴です。このような環境では、畑の周囲や田んぼのあぜ、里山が多くの草花の咲く場所になります。また人が定期的に草刈りするような場所は、土の中に巣をつくるハナバチなどの営巣場所にもなります。田畑や水路や農道脇は草刈りによって環境が更新され、さまざまな花が咲く場所になっています。害虫の発生源になることもあるため注意が必要ですが、野生の昆虫にとって重要な場所であることも忘れずに、有効活用する方法を模索していく必要があります。

■花の咲く緑肥植物の利用

田んぼの緑肥として利用されるレンゲは春の蜜源として広く利用されていましたが、田植えの時期が早まったことや化学肥料が広まったことで、植付け面積は減少してしまいました。しかし、全国各地でレンゲを使った米づくり「レンゲ米」の取り組みがあり、静岡県では「耕蜂連携」として行政が推し進めるなど、花を利用する昆虫と共存する農法に再び注目が集まっています。レンゲ畑ではセイヨウミツバチだけでなくほかのハナバチ類やチョウなどさまざまな虫たちも訪花します。レンゲだけでなく、花をつける緑肥植物は多く、クリムソンクローバー、シロツメクサ、カラシナ、ヘアリーベッチ、ヒマワリなどはとてもよい蜜源・花粉源になります。緑肥植物によっては花が咲くと茎がかたくなるため、開花前のすき込みが推奨されるなど、その使い方に工夫が必要ですが、少しだけ花を訪れる虫への配慮をすることで多くの生き物にとってもプラスになると期待されます。

■耕作放棄地を花畑に

1975年に13.1万haだった耕作放棄地は、2015年には3倍の42.3万haに増えました。耕作放棄地を有効利用する方法として、蜜源植物を植える取り組みがあります(耕作放棄地のお花畑化プロジェクト推進協議会)。耕作放棄地はそのまま放置すると荒廃し、再び農地として利用が難しくなってしまいます。蜜源植物や緑肥植物を積極的に植えることで、農地としての機能維持、雑草の抑制、生態系保全と生物多様性促進、蜜源の増加、景観美化などの効果が見込まれます[12]。耕作放棄地を花畑にして維持するには、省力かつ低コストであることが重要な観点になるので、比較的安価で入手できる緑肥作物を中心に花が途切れないようなリレー形式で咲かせる[13]ことができれば、さまざまな昆虫が年中利用できる有効な花資源になります。

景観・緑肥植物として利用されるヒマワリ

■訪花昆虫に優しい害虫防除

　受粉に役立つ昆虫保護の取り組みのガイドラインに必ず含まれるのが殺虫剤など農薬の使用の削減です。花に殺虫剤がかかれば、その花の蜜や花粉を利用する昆虫には少なからず悪影響があるでしょう。また植物の体に浸透して殺虫効果を発揮する浸透性の殺虫薬剤は、花に散布していなくても花蜜や花粉に含まれることがあります。殺虫剤だけでなく、殺菌剤の中にも昆虫に悪影響を及ぼすものもあります。せっかく昆虫を呼び寄せる花を植えたのに、それを薬剤で殺してしまわないためには、「花の時期に薬剤を散布しない」、「浸透性の殺虫剤を使わない」、「ミツバチなどの昆虫に悪影響が少ない選択性殺虫剤を使用する」などの工夫をすることです。

　殺虫剤や殺ダニ剤の中には、でんぷんや界面活性剤などで害虫の気門を封鎖する物理的殺虫作用の薬剤などもあります。どうしても害虫を抑える必要があるときは、このような薬剤を昆虫が訪花しない時間帯に使用することも一つの方法です。また天敵昆虫や捕食性ダニなどの生物的防除資材も販売されています。

■ビーハウス

　ハナバチ類は土の中や、アシなどの筒状のもの、木にあいた穴などに巣をつくります。このため花だけではなく、土が露出した地面や、適当な筒などを準備してあげると営巣してくれるかもしれません。いろいろなサイズの筒を組み合わせたものが、ビーハウスとして市販されています。自分で竹筒やアシなどを組み合わせてつくることもできます。野鳥のための巣箱を設置するように、ハナバチたちにもビーハウスを設置すると、筒のサイズに合わせてさまざまなハナバチがやってくるかもしれません。

ネット販売サイトで購入したビーハウス

■点と点をつなぐ－花のネットワークづくり－

　一人でできる取り組みはとても小さなことかもしれません。一つの庭で虫たちに提供できる花の数もそんなに多くないかもしれません。でも、たとえ一つのプランターであっても、取り組む人が増えれば、そこに大きなネットワークが生まれます。ミツバチは数km以上も花を探しに行きますが、小さなハナバチの活動範囲はせいぜい数百m程度です。自宅のすぐそばにすんでいるかもしれない小さなハチたちにささやかな花を提供してみてはいかがでしょう。遠くからもミツバチが蜜を探しにやってくるかもしれません。一つのプランター、一つの庭、一つの畑、そんな点と点をつないで、大きなネットワークができあがれば、きっと花を訪れる虫たちの種類も数も増えるに違いありません。

農業を支える昆虫と地域の花資源

　私たちの農業・食料生産を支えるために、セイヨウミツバチやマルハナバチなどを飼育して増やした昆虫による受粉が増えています。一方野生の昆虫たちの貢献がとても大きく、受粉に貢献する野生の昆虫が多様であることで、異常気象や気候変動にも柔軟に対応できるといわれています。セイヨウミツバチだけでなく、野生の昆虫を守っていくことはこれからますます大切になっていきます。そのためには、これら野生昆虫がもともと利用していた在来植物を増やし、維持していかなければなりません。地域の多様な花々が、多様な昆虫たちを支え、そして私たちの農業・食料生産を支えています。

参考文献

1) Ollerton, et al. (2011) How many flowering plants are pollinated by animals? Oikos 120: 321-326
2) Klein et al. (2007) Importance of pollinators in changing landscapes for world crops. Proc R Soc (London) A 274: 303-313
3) Whole Foods Market (2013) This is what your grocery store looks like without honeybees. Share The Buzz campaign. https://www.youtube.com/watch?v=aio9iKtkUxw
4) FAO (2022) Food and Agriculture Organization of the United Nations. Retrieved from http://faostat.fao.org
5) 大久保悟 (2022) セイヨウミツバチを水田における夏季の環境ストレスから守る. NARO Technical Report 12, 22-25
6) 農研機構 (2022) 果樹・果菜類の受粉を助ける花粉媒介昆虫調査マニュアル. 農研機構 https://www.naro.go.jp/publicity_report/publication/files/pollinator_survey.pdf
7) Sánchez-Bayo and Wyckhuys (2019) Worldwide decline of the entomofauna: A review of its drivers. Biol. Conserv. 232: 8-27
8) Wagner (2020) Insect declines in the anthropocene. Annu. Rev. Entomol. 65: 457-480
9) Turo et al. (2024) Insufficient pollinator visitation often limits yield in crop systems worldwide. Nat. Ecol. Evol. 8:1612-1622
10) Aizen et al. (2009) How much does agriculture depend on pollinators? Lessons from long-term trends in crop production. Ann. Bot. 103: 1579-1588
11) 送粉サービス研究会 (2021) ハナバチに生息地を贈るためのガイドライン https://sites.google.com/site/pollinationservicessociety/home/guideline
12) 農林水産省 (2016) 荒廃農地の発生・解消状況に関する調査, 農林業センサス
13) 豊増洋右 (2020) 資料3-1循環型農場経営と有機JAS認証について　令和2年度有機農業と地域振興を考える自治体ネットワークシンポジウム https://www.maff.go.jp/j/seisan/kankyo/yuuki/attach/pdf/jichinet-29.pdf

花の調べ方

ここからは、本書で取り上げた「虫が好む花の色や香り」などをどうやって調べたのか紹介します。興味を持った方は自分でも調べてみてください。

花の形

一口に花といってもさまざまな花があり、キク科のノースポール（P.194）は1つの花のように見えるが、じつは多くの花が集まった集合花である。またヨウシュヤマゴボウ（P.118）のように花が房のように連なった花もある。このため、花の大きさを測るのは意外と難しい。

本書では、訪花昆虫から見たときの花の大きさや形を表現するように単花、頭状花序、集合花序、テーブル型花序の4つにわけて大きさを記載した（P.16）。

頭状花序
（ノースポール
▶P.194）

集合花序
（ヨウシュヤマゴボウ
▶P.118）

準備するもの
- 定規（10~30cm） ●巻き尺（~2m） ●ルーペ ●メモ帳 ●ペン
- カメラ・スマートフォン

● 花を調べる前に
日付、時刻、場所、調査者の名前、調べる花の名前を記録する。花の名前がわからないときはカメラやスマートフォンで写真を撮っておき、図鑑やウェブサイトなどで調べる。

● 花の形を記録する
- 花弁はつながっている（合弁花）、分かれている（離弁花）
- 花弁の枚数と形
- 単花、頭状花序、集合花序、テーブル型花序など
- 雄花、雌花、両性花
- 特別な形態（例：ツユクサ（P.102）の仮雄蕊）

スミレ類 ▶ P.31
（離弁花）

ツユクサ ▶ P.102
（仮雄蕊）

● 花の大きさと高さを測る

［地上高］
巻き尺を使って、地面から花までの高さを測る

［花の直径］
縦横2方向で測る

［花の深さ］
花筒や雌しべまですべて含んだ長さを測る

訪花昆虫

> **準備するもの**
> ●捕虫網　●サンプル管　●メモ帳　●ペン　●カメラ・スマートフォン

● **訪花昆虫を目で見て記録する**

花を訪れている昆虫を見つけたら、日時、場所、花の名前、昆虫の名前、記録者の名前を記録する。花の名前や昆虫の名前がわからないときは、カメラやスマートフォンで写真を撮り、図鑑やウェブサイトなどで調べる。

アメリカフウロ（P.89）に訪花するヒラタアブの一種

● **訪花昆虫を詳しく調べる**

昆虫は、目、科、属、種の順に細かく分類されており、たとえばセイヨウミツバチは、ハチ目ミツバチ科ミツバチ属セイヨウミツバチである。花を訪れる昆虫の種名を即座に答えることは専門家でもとても難しい。なぜなら花を訪れる昆虫の種類は多いうえに、よく似た種がたくさんいるからだ。

そのため、種名を特定する場合には昆虫を採集して詳しく調べる必要がある。採集した昆虫を標本にし、図鑑などで調べ、それでもよくわからないときには専門家にたずねるとよい。

上：コハナバチの一種
下：ヒメハナバチの一種

● **昆虫の採集と保存**

捕虫網を用いたり、サンプル管を静かに近づけるなどの方法で昆虫を採集する。採集したら、日時、花の名前、採集した昆虫の特徴、記録者の名前を記録する。採集した昆虫を入れた容器は番号をつけておくと、混ざらずに見分けることができる。

採集した昆虫は冷凍したり、酢酸エチルの入ったビンに入れて殺した後、標本にして保存する。虫ピンに刺して十分に乾燥したら標本箱に移す。標本はかならずラベルをつけ、採集した日付、場所、昆虫の名前、採集者の名前を記載する。

column #4

昆虫の花の好み —データ解析—

本種の各花のページには「おもな訪花昆虫」としてミツバチ類、マルハナバチ類、小型ハナバチ類、ハナアブ・ハエ類それぞれの好みが星の数（★★★）で示されています。これらはデータ解析から予測された結果です。

昆虫たちは、訪れる花をどのように決めているのでしょうか。これまでの研究を見てみると、花の色が重要だという研究もあれば、花の香りが重要だという研究もあります。しかし野外で昆虫たちを見ていると、どれか一つの手がかりだけで花を決めているわけではないようです。どちらかといえば、花の色や香りや形などを全体的にとらえて、花を訪れているように見えます（図1）。本書ではこうした考えにもとづいて解析しました。

データ収集

2018年5月から10月に茨城県つくば市で花を見て歩き、花を訪れている昆虫を2,000個体以上採集しました。昆虫は標本にし、種名まで調べました。一方、昆虫が訪れた花について以下の項目を計測しました。

- 花の形、大きさ、花の咲く高さ（P.204）
- 蜜量（P.208～209）
- 花の香り（P.212～213）
- 花の色（P.214～215）

こうして、それぞれの花にどんな昆虫がどれぐらい集まるか、その花がどんな特徴を持っているかについて、数値のデータ（定量データ）を得ることができたわけです。

機械学習を用いたデータ解析

集めたデータは、データの種類も単位も大きく異なっています。このような複雑なデータを解析するために、機械学習という最新の手法を使うことにしました。機械学習は人工知能（AI）の一種で、コンピューターがデータの背景にあるルールやパターンを自動的に学習し、予測や判断を行なう解析手法のことです。

機械学習と一口にいっても多くの手法がありますが、この研究では勾配ブースティング法という手法を用いました。勾配ブース

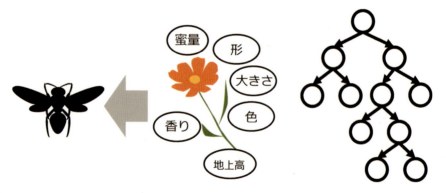

図1 花の好みを決める要因のイメージ　　図2 勾配ブースティング法

ティング法はたくさんの分岐をつなぎ合わせて予測精度を高めていく手法です(図2)。複雑なデータでも学習できるところが長所です。おそらく昆虫たちも花の色や香り、形などを総合的に判断して花を選んでいるものと思います。

解析の結果

右の棒グラフ(図3)がミツバチのデータを解析した結果です。それぞれの要因の貢献度をSHAP値という値で表わしています。これを見ると、今回の解析では上位4つが花の香り成分で占められていました。つまりミツバチは花を選ぶときに香りをもっとも重視していることがわかりました。次いで花の色や花の咲く高さ、花の深さも影響していました。思ったとおり、ミツバチが花を選ぶときは花の色、香り、形のすべてを使っていました。

ここではミツバチの結果のみを示しましたが、マルハナバチやハナバチの結果は、ミツバチのものとは大きく異なっていました。つまりミツバチとマルハナバチでは花を選ぶ基準が違うというわけです(写真)。また、ハナアブ類(ハエ類)はハチたちとは大きく異なる香りを好むこともわかりました。

結果から見える未来

今回の結果から、ミツバチやマルハナバチが好む香りのいくつかを特定できました。これらの香りを使えば、ミツバチやマルハナバチを人工的に誘引して、花粉を運んでもらうことができるようになるかもしれません。

一方で今回の結果は、昆虫たちが暮らしていくためにはさまざまな花が必要であることを示しています。花と昆虫の関係は思ったよりも複雑で、まだまだ多くの秘密が隠されているに違いありません。　　　(岸 茂樹)

写真 ゴマの花(P.98)に訪花するトラマルハナバチ

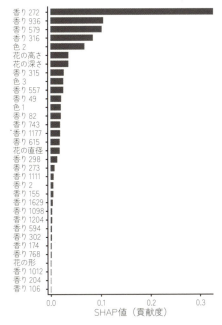

図3 ミツバチ類の訪花に影響する要因

花蜜

かんたんな方法

準備するもの …なし

① 花を分解して蜜のある場所を探してみる
② 蜜が見つかったらなめて味を記録する

プロフェッショナル向けの方法（本書のデータの取り方）

準備するもの

- 不織布あるいは網の袋
- 実体顕微鏡あるいはルーペ
- ピンセット
- キャピラリー（ガラス毛細管）
  9割以上の花の蜜量は5μL以下なので、0.5μL、2μL、5μLのキャピラリーがあるとよい。長さの同じキャピラリーを使うと蜜量を計算しやすい。
- 糖度計
  微量で計測できるアナログ式（最小1μLから計測できる機器がおすすめ）

商品例：DRUMMOND マイクロキャップセットなど

商品例：Bellingham +Stanley社（イギリス）Eclipse Hand Held Refractometer, Low Volume Brix (Nectar < 1μL)
※6割の花がBrix50未満、4割はそれ以上なので、Brix 0-50モデルとBrix 45-80モデル両方あるとよい。

1 網かけ

訪花昆虫による蜜の持ち出しを防ぐため、前日から花に網かけする

memo

◆ 玉ねぎネットなどでよいが、アリなど微小昆虫が訪花する場合は不織布を使用する
◆ 通気性のないナイロン袋は水蒸気がこもって蜜量が多くなり糖度が低くなるので適さない
◆ 時間帯によって蜜量は変化するので、計測する時刻を決めておく
（本書では10～12時頃に計測した）

2 花蜜採取

網かけの翌日、毛細管現象を利用してキャピラリーで花蜜を採取する

キャピラリー

memo

◆ 粘度が高くて採取しにくい場合は、キャピラリー付属のスポイトキャップを使い、キャップの穴を指でふさいで吸引する
◆ 花によって蜜のある場所や量が異なるため、実体顕微鏡下で解剖して採取するとよい

スポイトキャップ

花蜜

3 量の計測

キャピラリー内の液の長さを記録する

memo
◆ 細い線の上にキャピラリーを置くと液の量がわかりやすい

4 糖度の計測

糖度計の計測面に、キャピラリー内の花蜜を、キャピラリー付属のスポイトで押し出す

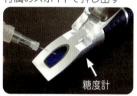

蓋板を閉じ、明るいほうを向いて青と白の境界線が示す目盛を読む

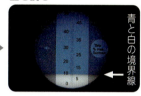

memo
◆ 境界線がはっきりしない場合、蓋板を開け閉めして液体を均一に混ぜると改善することがある

蜜量が少ない場合

1～2μLの水を加えて糖度を計測する。
容積（計測した値）では、糖度の計算ができないので、重量に変換して糖度を計算する。
採取した蜜量(v)・加えた水の重さ(w)・計測した溶液糖度(s)から元の花蜜の糖度Brix(B)を推定する

式1 溶液糖度 Brix※ (s) = 溶液中の糖の重さ ／ ｛花蜜の重さ＋加えた水の重さ(w)｝

式2 花蜜の重さ = 蜜量(v) × 比重

式3 比重 = 1＋0.0047 × 花蜜の糖度 Brix(B)
（砂糖溶液比重表にもとづく近似式 ／ 20℃の場合）

式4 花蜜の糖度 Brix(B) = 花蜜に含まれる糖の重さ ／ 花蜜の重さ

式1～式4から得られる花蜜の糖度 Brix(B) に関する以下の2次式をBについて解く
$0.0047vB^2 + (1 - 0.0047s)vB - (v+w)s = 0$

※ Brix 溶液100g中のショ糖の重さを示したもの。溶液中の溶解固体が糖のみの場合 Brix＝糖度とみなされる。糖以外の固形物が溶けている場合は、糖度よりも Brix は高く表示される。

本書での★の数	蜜量			糖度	
	検出限界以下	なし		20%未満	★
	0.1μL未満	★		35%未満	★★
	1μL未満	★★		50%未満	★★★
	5μL未満	★★★		65%未満	★★★★
	20μL未満	★★★★		65%以上	★★★★★
	20μL以上	★★★★★			

花の調べ方

花粉

かんたんな方法

準備するもの

- 単語カード
- 穴あけパンチ
- セロハンテープ
- 耳かき
- ピンセット
- ペン

花粉の観察をする

① 単語カードに穴あけパンチを使って穴をあけ、セロハンテープでその穴の片面をふさぐ

② ピンセットで葯（花粉）を取り、セロハンテープの粘着面に葯をのせ、耳かきを使って葯をつぶし広げ、粘着面にもセロハンテープを貼り両面を貼り合わせる

③ スマホや顕微鏡を使って、花粉を観察する（スマホに装着するスマホ顕微鏡などもある）。それぞれのカードに花の名前、日付、場所などを書いておく

プロフェッショナル向けの方法（本書のデータの取り方）

準備するもの

A B で必要なもの

- ピンセット
- スクロース溶液（砂糖水）
- スライドガラス
- カバーガラス
- 光学顕微鏡
  （倍率 100 ～ 600 倍）

B で更に必要なもの

- 1.5ml プラスチックチューブ
- マッシャー
- 血球計算盤
- ピペッター
- 接眼ミクロメーター
- 対物ミクロメーター

※電動マッシャー、ボルテックス装置があるとなおよい。

スクロース溶液をつくる

① 蒸留水 500ml にスクロース 70g を加える
  （約 0.43mol/L）
② スクロースが溶けきるまで混ぜる

memo

◆ 水道水にコーヒーシュガーや上白糖でもOK

◆ カビが発生するので、スクロース溶液は冷蔵庫保存して2週間以内に使う

A 花粉の観察をする

① 花粉をスライドガラスにのせて、スクロース溶液を1滴たらし、カバーガラスをかける

② 光学顕微鏡で、100倍から観察し、花粉が見つかったら倍率を上げて観察する

③ スケッチするか、接眼レンズにカメラ（スマホ）をあてて写真を撮り、記録を残す

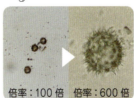

B 花粉を計測する

花粉の数を計数する

① 咲く直前の花（つぼみあるいは葯）をプラスチックチューブに入れ、花が浸かるぐらいのスクロース溶液（100〜500μLぐらい）を加える

② マッシャーでよくすりつぶし（電動マッシャーがあるとラク）指で弾いて（タッピングして）撹拌する（ボルテックス装置があればなおよい）

花粉の体積を計測する

顕微鏡の倍率ごとに、対物ミクロメーターで接眼ミクロメーター1目盛の長さを計測しておき、花粉の大きさを測る。体積は近い形のものに近似して算出（本書では、球形、三角錐、俵型に近似）

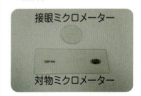

③ ピペッターで②の花粉溶液を血球計算盤に入れる

④ 光学顕微鏡で花粉数を計数する

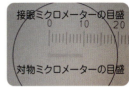

顕微鏡で1目盛の長さを計測するイメージ

※花粉によっては、水溶液中で1ヵ所に集まったり、散らばったりする性質があるため血球計算盤で計数する場合は注意する。

本書での★の数	花粉1粒体積		
	1万μm³ 未満	★
	2.5万μm³ 未満	★★
	5万μm³ 未満	★★★
	10万μm³ 未満	★★★★
	10万μm³ 以上	★★★★★

花粉数		
千個未満	★
1万個未満	★★
10万個未満	★★★
100万個未満	★★★★
100万個以上	★★★★★

参考文献：日下石 碧 (2023).「花粉 ハンドブック」．文一総合出版．

花の香り

かんたんな方法

準備するもの
- 密閉できる容器（匂いのないもの）
- ティッシュ

香りを調べる

① 花を切り取り、切り口を水で濡らしたティッシュなどで包む
② 容器に入れ30分フタをする
③ そっとフタをあけて香りをかぐ
④ 事前に評価項目を決めておくと香りの評価がしやすい

例）華やか、インパクト、柔らかい、シャープ、刺激的、濃厚フレッシュ、グリーン、甘い、臭い、発酵感、フローラル、強い、弱いなど

memo

◆ 植物は傷がついたところから香りを出すので、傷をつけないように優しく扱い、切るときは鋭利な刃物を使う
◆ 切り口を水で濡らした脱脂綿で覆うことで花の乾燥防止と切り口から香りが出るのを防ぐ
◆ 葉からは別の香りが出るので、花だけを入れる
◆ 同じ温度、湿度の場所で計測する
◆ 容器を洗う際は、香りの強い洗剤を使わない
◆ 香水や制汗剤など強い香料のものを身につけない

本書でのデータ解析方法

それぞれの花の香りは150～450種類におよぶ香り成分のブレンドになっていて（グラフ横軸）、それらのうち、約300種類前後の香り成分を持つ植物がもっとも多く見られました（縦軸）。

香り成分は全部で約1,900種類あり、それらの中から、それぞれの昆虫種が訪花する花に共通して見られる複数の香り成分を、その昆虫が好きな香り成分として選出。

昆虫種群（ミツバチ、その他ハナバチ、ハナアブ・ハエ類）それぞれが好む香り成分をどれぐらい出しているかを花ごとに集計し、その花の香りブレンドが昆虫からどれぐらい好まれやすいかを数値化（P.17）。

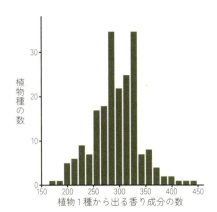

グラフの見方（例）：約330の香り成分を出す植物が34種だった

プロフェッショナル向けの方法（本書のデータの取り方）

準備するもの

- ガラス容器 or ディスポーザブル・プラスチック容器
- サンプリングバッグ
- ガラスバイアル（小）
- パラフィルム
- 蒸留水
- 吸着剤 ── 商品例：Mono Trap RGC 18 TD ／加熱脱着用．GL Science など
- 針金（ゼムクリップ）
- 手袋
- GC-MS（ガスクロマトグラフィー質量分析計）
  ※気体中の微量揮発性成分を測定する機械。

香りを調べる

① ガラスバイアルに蒸留水を入れ、花を水に差して、漏れないようにシールする

② プラスチック容器のフタの中央に穴をあけ、針金に吸着剤を装着
※ Mono Trap RGC 18 TD は中心に穴があいており、針金を通して保持できる。

③ 3時間後に吸着剤を回収して冷凍保存

④ GC-MS で分析

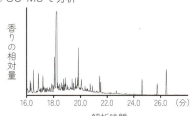

（物質によってピークの時間が決まっている）

それぞれのピークが一つの揮発性成分を示していて、ピークの大きさが成分量を反映している。花の香り以外の、空気中の匂いや容器の匂いなどのバックグラウンドの匂いも含んでいるので、それを取り除いて解析を行なう。

memo （簡単な方法に加えて）

◆ 容器の内側を触らない

◆ 吸着剤には触れない

◆ バックグラウンドデータを必ずとり、部屋や容器由来の揮発性成分を把握する

◆ 大きな花や切り取りができない花は香り捕集用のサンプリングバッグを用いる

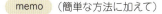

花の調べ方

花の色

| かんたんな方法① カラーチャートとの色合わせ |

> **準備するもの**
> ● カラーチャート ──── 商品例：日本色研事業　新配色カード 199a

● **色を調べる**
　花の色に一番近いカラーチャートを選び
　記録する

memo
◆ 花の部位ごとに記録するとなおよい

| かんたんな方法② デジタルカメラで撮影した画像からRGB（赤、緑、青）数値を調べる |

> **準備するもの**
> ● デジタルカメラ
> ● グレーカード（白、グレー、黒のセット）　※ホワイトバランスや露出の補正用
> ● カラーコードを調べられるソフトウェア　※無料で調べられるウェブサービスもある。

● **色を調べる**［Adobe Photoshop を使った例］

① 花といっしょにグレーカード（白、グレー、黒）の写真を撮る

② 色調補正（トーンカーブ）で、3つのスポイトアイコン（白、グレー、黒に対応）を選択し、それぞれの色のグレーカードを指定して補正する

③ スポイトツールでサンプル範囲の大きさを指定して、RGBの数値を調べる

memo
◆ 紫外光は計測できないので、紫外光領域の見え方は紫外線写真で確認する（P.215）

214

紫外線写真の撮り方

紫外線写真とは
「紫外線のみを直接撮影する方法」と、「紫外線で励起する蛍光を撮影する方法」がある
本書では「紫外線を直接撮影する方法」について紹介

準備するもの

- デジタルカメラ
  UV カットフィルターのない機種。カメラを分解してフィルターを取り外してもよい ⇒ 分解例は付録 web サイト（P.13 の QR コード）を参照
- 紫外透過・可視吸収フィルター
  近紫外線（200 〜 380nm）のみを透過するもの

機材例
- デジタルカメラ Tough TG-5 改
  （UV カットフィルターを取り外したもの）
- コンバーターアダプター
  CLA-T01
- 紫外透過・可視吸収フィルター
  HOYA　U340（カメラ用 XR 枠付き M40.5）

撮影例

通常の写真

紫外線写真

TG-5　マクロモード　f/3.2
1/160　ISO100

TG-5 改　マクロモード
f/2.3　1/50　ISO800

プロフェッショナル向けの方法（本書のデータの取り方）

準備するもの

- 分光光度計 ── 商品例：朝日分光株式会社 HSU-100H
- 光源
- 両面テープ ── 商品例：朝日分光株式会社 LAX-C100

色を調べる

花を対象に計測するが、花が小さい場合は両面テープなどですき間がないように並べて、分光光度計で計測する

memo
◆ 花の部位によって色が大きく異なる場合は、部位ごとに分けて計測する
◆ 紫外光領域も計測するため、紫外光領域も含む光源を使用する
◆ 変色の影響を小さくするため、切除後速やかに計測する

本書でのデータ解析方法

各植物種のスペクトルデータを、紫外（300 〜 380nm）、紫（381 〜 440nm）、青（441 〜 500nm）、緑（501 〜 570nm）、黄（571 〜 600nm）、赤（600 〜 780nm）に分けて積算。それぞれの波長ごとに 5 段階で評価。

花の調べ方

養蜂での評価

● 算出方法
① 養蜂における既存の蜜源・花粉源の評価データを数値（得点）に変換（下表）
② 評価のあった植物について平均値を算出。評価のない植物は平均値の算出には用いない
（0ではなく、計算から除外）
③ 3つのデータすべてで評価された場合は25%加算、2つのデータでは10%加算
④ 5段階評価（★）で評価
例）下表すべてで4点の場合　　　4 × 1.25 ＝ 5点（満点）
　　4点、2点、評価なしの場合　　3 × 1.1 ＝ 3.3点
　　1点、評価なし、評価なしの場合　1 × 1 ＝ 1点
　　すべてで評価なしの場合　　　0点

● **『蜂からみた花の世界』** 佐々木正己　海游舎

蜜源／花粉源評価	得点
Excellent	4
Good to Excellent	3.5
Good	3
Temporary to Good	2.5
Temporary	2
Rarely/Incidentally/Suspicious	1

● **『日本の蜜源植物』** 日本養蜂はちみつ協会

蜜源ランク	得点
主要蜜源　VP(Very Important Plant)	4
有力蜜源　IP(Important Plants)	3
補助蜜源　UP(Useful Plants)	2
花粉源　PP(Pollen Plants)	4

● **『蜜源・花粉源データベース』** みつばち百花ウェブサイト

蜜源／花粉源評価	得点
A ― 有力	4
B ― 普通	3

column #5

花が減ると虫は減る？ ―ネットワークの頑健性―

　花と昆虫の関係を解き明かすための方法の一つに、花と昆虫をネットワークとしてとらえる方法があります。ネットワークとは、何かと何かをつないだ網のようなもののことです。人間でいえば、友人や知人をつないだときの網のような関係を容易に想像できるでしょう。同様に、それぞれの昆虫が訪れる花をつないでいくとネットワークをつくることができます。

　花と昆虫をネットワークとしてとらえると、どのようなことがわかるでしょうか。たとえばいま2種の昆虫（ハチとハエ）と3種の花（A、B、C）を観察し、下の図1のようなネットワークができたとします。ハチはA、B、Cすべての花を訪れますが、ハエはBとCの花しか訪れません。ここでもしハチがいなくなると、Aの花の花粉を運ぶ昆虫がいなくなってしまうのでAの花はハチとともに絶滅してしまうかもしれません。このように考えることで、ネットワークの頑健性を調べることができます。

　実際に野外で見られる花と昆虫のネットワークはどのくらい頑丈なのか調べてみました。2018年に茨城県つくば市で記録したハチと花のデータを使いました。昆虫を人為的に1種、2種、3種……と減らしていったときに、つながりがなくなってしまった花は絶滅すると考え、つながりが残った花の種数を数えます。同様に、花を人為的に減らしていったときに生き残る昆虫の種数を数えます。そうしてできあがったのが下の図2です。

　昆虫を減らしていく場合も、花を減らしていく場合もどちらも上に大きく曲がったカーブを描いています。これは昆虫が多少なくなったとしても、花は別の昆虫とつながりが残っているため生き残りやすいことを示しています。花が減った場合も同様です。つまり野外で見られる花と昆虫の関係は予想以上に頑健であることがわかりました。この頑健性が生じる理由は、初期の花数と昆虫数が多く、それぞれの種が複数の相手種とつながりを持っているからです。

　なお、昆虫を減らしていく場合よりも花を減らしていく場合のほうが少しだけ早く相手種が減っていきます。このことは昆虫に依存している花よりも花に依存している昆虫のほうが多いことを意味しています。つまりさまざまな花があることで多くの昆虫が守られるというわけです。

（岸 茂樹）

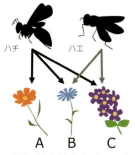

図1 花と昆虫のネットワーク

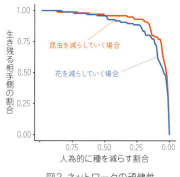

図2 ネットワークの頑健性

いろいろランキング
(本書掲載植物)

養蜂での高評価　蜜源　TOP10

植物名	得点
エゴノキ (P.69)	5
ソバ (P.161)	5
トチノキ (P.164)	5
ニセアカシア (P.78)	5
ミカン (P.85)	5
リンゴ (P.47)	5
クリ (P.129)	4.6
セイタカアワダチソウ (P.193)	4.6
ヘアリーベッチ (P.111)	4.6
コセンダングサ (P.131)	4.4

養蜂での高評価　花粉源　TOP10

植物名	得点
エゴノキ (P.69)	5
クリ (P.129)	5
ヒマワリ (P.142)	5
ポーチュラカ (P.112)	4.6
イヌコウジュ (P.188)	4.4
シロツメクサ (P.159)	4.4
コセンダングサ (P.131)	4.4
ヘアリーベッチ (P.111)	4.4
リンゴ (P.47)	4.4
セイタカアワダチソウ (P.193)	4.2

大きい花粉　TOP5

植物名	体積 (μm^3)
オクラ (P.121)	2,639,690
カボチャ (P.126)	1,645,526
コモンマロウ (P.99)	903,668
ズッキーニ (P.58)	453,854
マメアサガオ (P.175)	376,724

花粉数の多い花　TOP5

植物名	花粉数（万個）
ヒマワリ (P.142)	5,542
ネギ (P.79)	1,055
ノアザミ (P.107)	265
ヒャクニチソウ (P.110)	228
コスモス (P.189)	148

糖度の高い蜜　TOP5

植物名	糖度（Brix）
ノースポール (P.194)	89
カラミンサ (P.155)	85
メドハギ (P.176)	83
オオアマナ (P.71)	78
ヤブガラシ (P.187)	74

蜜の多い花　TOP5

植物名	蜜量（μL）
ネギ (P.79)	127
カボチャ（雌花　P.126)	114
ヒマワリ (P.142)	105
クリ (P.129)	62
ヒャクニチソウ (P.110)	48

※花序は小花全部の合計のため、多めの評価になっています。

column # 6

昆虫のオスとメスのネットワーク

　花を訪れる昆虫をよく見ると、同じ種でもオスとメスがいることがわかります。そこで今度は昆虫のオスとメスに着目してネットワークを考えてみましょう。

　昆虫のオスとメスでは訪れる花が異なっていることもよくあります。たとえばニホンミツバチのオスは働きバチ（メス）よりもキンリョウヘンの花を好んで訪れます。ヒラタハナムグリのオスは春にウツギなどの花でよく見られますが、メスは花を訪れません。チョウが好きな人なら、花にくるのはオスのほうが多いことを知っているでしょう。

　オスとメスで訪れる花が異なるとき、ネットワークはどのようになるでしょうか。下の図1のように、ある昆虫種のメスはAの花を好む一方、オスはB、Cの花を好むとします。メスはAの花から花粉や蜜を得て子を産むので、この昆虫種の数はAの花に依存して決まります。そのため、Aの花が絶滅するとこの昆虫種も絶滅してしまい、当然オスもいなくなりますからBやCの花も絶滅してしまうことになります。昆虫種としてみたときにはA、B、Cの花を訪れているように見えるのでAの花が絶滅してもBやCの花には影響はないように見えますが、オスとメスで好む花が異なるときにはB、Cの花にも影響が出てくることがわかります。

　それでは、野外に見られる花と昆虫のネットワークを昆虫のオスとメスにわけるとどのようなことがわかるでしょうか。下の図2は、東京大学弥生キャンパスで2012年に花を訪れる昆虫を記録したデータを使って描いたものです。花と昆虫の種ごとの対戦表のようなもので、昆虫が花を訪れた場合に黒く塗っています。上の図が昆虫のメスのみを使って描いたもの、下の図がオスのみを使って描いたものです。

　これを見ると、メスのネットワークのほうが黒い点が左上に偏っていることがわかります。それに比べてオスのネットワークは全体にばらけていることがわかります。昆虫のメスは一部の花に集中し、全体に花の好みが似ている一方、オスは訪れる花がバラバラであることを示しています。おそらくオスは花よりもメスを探すことを優先する結果、花の好みが弱くなるのだと思われます。

　したがって昆虫のメスに人気がない花でも、昆虫のオスが訪れて受粉をカバーしている様子が見えてきます。昆虫のオスとメスのこうした違いがさまざまな花の受粉を維持しているのかもしれません。

（岸　茂樹）

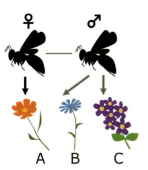

図1　昆虫のオスとメスの
　　　ネットワーク

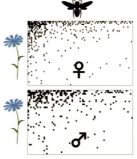

図2　昆虫が訪れた花をメスと
　　　オスで分けたもの

参考：
Kishi S & Kakutani T. 2020. Fontiers in Ecology and Evolution 8:124
Kishi S. 2022. Ecology and Evolution 12:e8743

用語解説

植物に関する用語

受粉
花粉が雌しべの先端（柱頭）に付着すること。受粉後に花粉管が伸びて受精が起こり、種子がつくられる。

授粉
花粉を雌しべの先端（柱頭）に付"させる"こと。昆虫や人などから能動的に花粉をつける場合に用いる。人工授粉など。

虫媒花
昆虫によって花粉が運ばれて受粉する花。受粉を必要とする植物の9割近くが虫媒花だといわれている。

風媒花
風によって花粉が運ばれて受粉する花。虫媒花にくらべると植物種数は少ない。花粉症の原因となることもある。

人工授粉／自然受粉
受粉を人が行なうことを人工授粉といい、虫や風によって受粉されることを自然受粉という。

自家受粉／他家受粉
花粉が同じ花の柱頭について受粉するのが自家受粉、ほかの花について受粉するのが他家受粉。

自家不和合性
同じ花あるいは同じ植物個体の花粉が柱頭についても受精が起こらず種子ができないこと。

雄性先熟
雌しべが成熟するよりも、雄しべが花粉を放出する時期が早いこと。同じ花の中で雌しべと雄しべの時期がずれること（雌雄異熟）で、自家受粉を防ぐことができる。
⇔雌性先熟

雄性先熟の例　ヤブガラシ　オス期／メス期

単為結果
受粉を必要とせず果実ができること。

単為結果するキュウリ

雌雄異花
雄しべと雌しべが別の花にあること。
⇔両性花

雌雄異株
雄花と雌花が別の株（植物個体）に咲くこと。

花序
茎に花がまとまってついているもの。一つの花のように見える頭状花序（とうじょうかじょ）や、穂や房あるいはテーブル状になっているもの、さらにそれらが複合しているものまで形状はさまざまである。茎の先端側から咲く有限花序と、根元側から咲く無限花序に大別される。

蜜標／ネクターガイド
送粉者に花蜜や花粉のありかを示す模様のこと。ネクターサインとも呼ばれる。

花外蜜腺
花以外の場所から蜜を出す場所のこと。葉や茎の根元、葉の先などから蜜を出す。アリなどを誘引することで害虫から身を守る役割がある。

閉鎖花
開花せずに、自分の花粉で受粉して種子をつくる花。同じ株で開花する花と閉鎖花をつけたり、季節によって閉鎖花をつける植物がある。スミレ類（P.31）、ホトケノザ（P.42）、キキョウソウ（P.92）など。

筒状花
キク科の花は筒状花と舌状花が集合して一つの花のようになっているものが多く、中心にある花びらが筒状になった小花のこと。ノアザミ（P.107）はすべて筒状花の集まり。

舌状花
キク科の花の周辺部の花弁に見える部分を持つ小花。舌状花だけを持つ花もある。例：タンポポ類（P.59）、ニガナ（P.138）など。

距
花の後ろ側に突き出た袋状のもの。中に蜜があることも多く、口や舌の長い昆虫しか蜜を吸うことができない。スミレ類（P.31）、マツバウンラン（P.43）、パンジー（P.40）、ナスタチウム（P.136）。

天敵温存植物
害虫の防除に役立つ天敵昆虫などを温存することのできる植物。畑などに植えることで天敵を増やし、害虫を抑えることができる。花蜜や花粉を利用する天敵も多い。

緑肥植物
畑に植えて土にすき込むことで、地力を高めたり、土壌病害を抑制したりできる植物。窒素固定効果の高いマメ科植物や、線虫抑制効果のあるマリーゴールド（P.145）など。

園芸植物
人が品種改良などして観賞用に用いられる植物や、野菜や果樹を含む。本書では、野菜と果樹を作物として記載し、それ以外を園芸植物として記載した。

景観植物
景色の一部として見て楽しむことができ、観光などにも利用される植物。休耕地などに植えて、耕作地としての維持管理をかねる場合も多い。

昆虫に関する用語

盗蜜
花の根元などに穴をあけて花蜜を吸蜜する行動。葯や柱頭に接触しないため受粉に貢献しない。キムネクマバチやマルハナバチでよく見られる。(参考 P.174 写真)

花粉荷
ミツバチが花粉とハチミツを混ぜてだんご状にしたもので、後脚にある花粉かごという特別な構造に集められる。花粉だんごと呼ばれることも多い。

花粉荷　　　ニホンミツバチ

訪花昆虫
さまざまな理由で花を訪れる昆虫をまとめて訪花昆虫という。その中に、植物の受粉を助ける送粉昆虫（花粉媒介昆虫）が含まれる。

送粉昆虫（花粉媒介昆虫、ポリネーター）
花粉を運んで受粉させる昆虫。最近は"送粉昆虫"あるいは"送粉者"という語が使われることが多くなっている。

社会性昆虫
ミツバチやマルハナバチのように集団で生活し、女王が繁殖に特化し、その子どもはワーカー（働きバチ）として働く社会構造を持った昆虫。

社会性昆虫セイヨウミツバチの女王と働きバチ

生態学的な用語

生物多様性
さまざまな生き物が、さまざまな環境で、お互いに関係しながら存在していること。生態系レベルの多様性、種レベルの多様性、遺伝子レベルの多様性がある。

生態系サービス
人が生態系の働きから得ることのできる利益。供給サービス、調整サービス、文化的サービス、基盤サービスの4つがある。送粉サービスは調整サービスの一つ。

送粉サービス
生態系の働きによって、農作物の受粉が行なわれること。人が生態系から得ることができる利益のうちの一つ。

在来種
その土地に古くから生息する生物種。その定義はさまざまだが、本書では明治以前から日本に生息しているであろう種を在来種として記載した。

外来種
もともとその土地に生息していなかったが、人によって持ち込まれた種。

侵略的外来種
外来種のうち、とくにその地域の生態系に与える影響が大きく、生物多様性を脅かす可能性の高い生物種のこと。

生態系被害防止外来種リスト
環境省が示した生態系などに被害をおよぼすおそれがある外来種一覧。2025年現在は、総合対策外来種、産業管理外来種、定着予防外来種に分類されている。

外来生物法
海外起源の外来生物を特定外来生物として指定し、飼育や栽培、保管、運搬、輸入などを規制し、防除などを行なうための法律。2005年6月に施行された。

特定外来生物
侵略的外来種のうち、生態系などに被害が大きいおそれがある生物種を環境省が指定し、外来生物法によってその取扱が規制される生物。

要注意外来生物
2015年3月に生態系被害防止外来種リストができるまで使用されたが、現在は使われない。

植物名索引

あ
アオビユ	179
アカツメクサ	115
アカバナユウゲショウ	117
アジサイ	18
アブラナ類	51
アマドコロ	67
アメリカタカサブロウ	148
アメリカフウロ	89

い
イチゴ	68
イヌガラシ	120
イヌコウジュ	188
イヌゴマ	149
イヌホオズキ	150

う
ウシハコベ	151
ウスベニアオイ	99
ウツボグサ	91
ウド	152
ウマノスズクサ	180

え
エゴノキ	69
エビヅル	181
エンドウ	70

お
オオアマナ	71
オオイヌノフグリ	19
オオジシバリ	52
オオチドメ	87
オオニシキソウ	153
オクラ	121
オッタチカタバミ	122
オニタビラコ	123
オニノゲシ	124
オランダミミナグサ	72

か
ガウラ	154
カキ	53
カキドオシ	20
カキネガラシ	54
カスマグサ	21
カタバミ	125
カナムグラ	182
カボチャ	126
カモミール	55

カラスノエンドウ	22
カラミンサ	155

き
キキョウソウ	92
キツネアザミ	23
キツネノマゴ	93
キバナコスモス	127
キュウリ	128
キュウリグサ	24
キンセンカ	56
キンリョウヘン	25
キンレンカ	136

く
クズ	94
クラピア	156
クリ	129
クリムソンクローバー	26
クレオメ	95

け
ケイトウ	96

こ
コウゾリナ	130
コスモス	189
コセンダングサ	131
コヒルガオ	97
ゴマ	98
コメツブツメクサ	57
コモチマンネングサ	132
コモンマロウ	99
コリアンダー	157

さ
サクラ	27

し
シソ	158
ジャガイモ	100
シャンツァイ	157
シロクローバー	159
シロザ	183
シロツメクサ	159
シロバナマンテマ	28

す
スイートアリッサム	29
スイカ	133

スイカズラ	30
スカエボラ	101
スカシタゴボウ	134
スズメノエンドウ	73
ズッキーニ	58
ストロベリーキャンドル	26
スミレ類	31

せ
セイタカアワダチソウ	193
センニンソウ	160

そ
ソバ	161
ソメイヨシノ	27
ソラマメ	32

た
ダイコン	74
タイム類	33
ダンドボロギク	162
タンポポ類	59

つ
ツツジ類	34
ツユクサ	102
ツルボ	103

と
トウガラシ	75
ドクダミ	163
トチノキ	164
トマト	135

な
ナガミヒナゲシ	35
ナシ	76
ナス	104
ナスタチウム	136
ナズナ	77
ナヨクサフジ	111
ナワシロイチゴ	36

に
ニガウリ	137
ニガナ	138
ニセアカシア	78
ニホンハッカ	165
ニラ	166
ニワゼキショウ	167

ぬ
ヌスビトハギ	190

ね
ネギ	79
ネジバナ	105
ネムノキ	106
ネモフィラ	37

の
ノアザミ	107
ノアズキ	139
ノースポール	194
ノゲシ	140
ノブドウ	184
ノボロギク	60
ノミノツヅリ	80
ノミノフスマ	81

は
バーベナ	38
ハキダメギク	141
ハクチョウソウ	154
パクチー	157
ハコネウツギ	108
ハコベ類	82
バジル	168
ハゼリソウ	39
ハナイバナ	109
ハナスベリヒユ	112
ハハコグサ	61
ハリエンジュ	78
ハルジオン	83
ハルタデ	90
パンジー	40

ひ
ビーダンス	62
ピーマン	169
ビオラ	63
ヒカゲイノコヅチ	185
ヒマワリ	142

ヒメイワダレソウ	170
ヒメオドリコソウ	41
ヒメジョオン	171
ヒメツルソバ	191
ヒメムカシヨモギ	172
ヒャクニチソウ	110
ヒヨドリバナ	173

ふ
ブタナ	143
ブドウ	186
ブルーベリー	84

へ
ヘアリーベッチ	111
ヘクソカズラ	174
ベニバナ	144
ベニバナツメクサ	26
ヘビイチゴ	64

ほ
ポーチュラカ	112
ホトケノザ	42
ボリジ	113

ま
マツバウンラン	43
マツバボタン	114
マメアサガオ	175
マリーゴールド	145

み
ミカン	85
ミツバツチグリ	65
ミヤコグサ	146

む
ムラサキカタバミ	44
ムラサキサギゴケ	45
ムラサキツメクサ	115

め
メキシコマンネングサ	66
メドハギ	176
メマツヨイグサ	147

や
ヤグルマギク	116
ヤハズエンドウ	22
ヤブガラシ	187
ヤマボウシ	86
ヤマモモソウ	154
ヤマユリ	177

ゆ
ユウゲショウ	117

よ
ヨウシュヤマゴボウ	118
ヨモギ	192

ら
ラベンダー	46

り
リンゴ	47

る
ルピナス	48

れ
レッドクローバー	115

ろ
ローズマリー	49

わ
ワルナスビ	178
ワレモコウ	119

カフェニワトコ（茨城県笠間市）

〔著者〕	前田太郎　岸茂樹		
〔コラム〕	平岩将良（近畿大学）		
〔調査協力（かな順）〕	青島寛子（元農研機構）／岩崎宜利子（農研機構）／上原拓也（農研機構）		
	釘宮聡一（農研機構）　／篠原伴子（元農研機構）／霜田政美（東京大学）		
	日下石碧（農研機構）　／橋本育子（元農研機構）／平岩将良（近畿大学）		
〔装丁デザイン〕	中濱健治		
〔本文デザイン〕	渡辺亜希（農研機構）		

前田 太郎（まえだ たろう）

農業・食品産業技術総合研究機構。天敵カブリダニの行動に関する研究で学位取得。その後、天敵昆虫類の行動制御やミツバチ寄生性アカリンダニに関する研究を行ない、現在は野生送粉昆虫と天敵昆虫の保護・利用に関する研究を展開している。20代はじめからニホンミツバチの飼育を趣味とし、ミツバチサミットの実行委員として活動を行なっている。最近は米づくりが楽しい。

岸 茂樹（きし しげき）

農業・食品産業技術総合研究機構。食糞性コガネムシ類の親から子への投資の研究で学位取得。その後、マメゾウムシの繁殖干渉や訪花昆虫のネットワークの研究など、幅広いテーマで研究を続けている。個体の行動が集団の動態にどのように影響するかを問う研究が好き。最近はデータ解析が多いが野外調査にもっと行きたいと思っている。趣味は読書と写真。

おもな参考資料

「果樹・果菜類の受粉を助ける 花粉媒介昆虫調査マニュアル」 農研機構
「花粉 ハンドブック」日下石碧　文一総合出版
「蜂からみた花の世界」佐々木正己　海游舎
「日本の蜜源植物」日本養蜂はちみつ協会
「蜜源・花粉源データベース」みつばち百花ウェブサイト
「日本帰化植物写真図鑑」清水矩宏・森田弘彦・廣田伸七　全国農村教育協会
「日本の野草（フィールドベスト図鑑）」（春、夏、秋）矢野亮　学研
「校庭の雑草」岩瀬徹・川名興・飯島和子　全国農村教育協会
「山・野草ハンドブック671種」山口昭彦　婦人生活社

虫がよろこぶ花図鑑　ミツバチ・ハナバチ・ハナアブなど

2025年2月25日　第1刷発行
2025年5月30日　第2刷発行

著者　　前田 太郎　岸 茂樹

発行所　一般社団法人 農山漁村文化協会
　　　　〒335-0022 埼玉県戸田市上戸田2丁目2-2
　　　　電話　048（233）9351（営業）　048（233）9355（編集）
　　　　FAX　048（299）2812　　振替 00120-3-144478
　　　　URL　https://www.ruralnet.or.jp/

印刷・製本　株式会社シナノパブリッシングプレス

Flowers for insects
©Taro Maeda & Shigeki Kishi 2025 Printed in Japan
ISBN978-4-540-24113-0
落丁・乱丁はおとりかえいたします。
定価はカバーに表示してあります。

QRコードで見られるコンテンツも図書館内や館外貸し出しで自由に閲覧視聴できます。

＜検印廃止＞

本書のデータの一部は、農林水産研究推進事業委託プロジェクト研究「農業における花粉媒介昆虫等の積極的利活用技術の開発」（JJ006239.2017～2021年度）の成果をもとに作成されました。